0-1 まず押さえたい6スタイル

紳士靴のスタイルには様々なものがありますが、この6足はいずれも揃えておくと間違いのないものです。

本文5・6・12章参照

1 style

黒の外羽根式プレーントウ

1足目。どんな場面もこなす万能役者です。最初の一足は間違いなくこれ。

2 style

黒の内羽根式キャップトウ

2足目。畏《かしこ》まった場向けに一足は用意したい靴です。ビジネスでも大活躍。

3
style

茶の内羽根式フルブローグ

3足目。茶靴の1足目は、少しくだけてフルブローグ辺りが使いやすいのでは？

4
style

バーガンディーの外羽根式Uチップ

4足目。悪天候と悪路に備えて、ラバーソールの紐靴もあると重宝します。

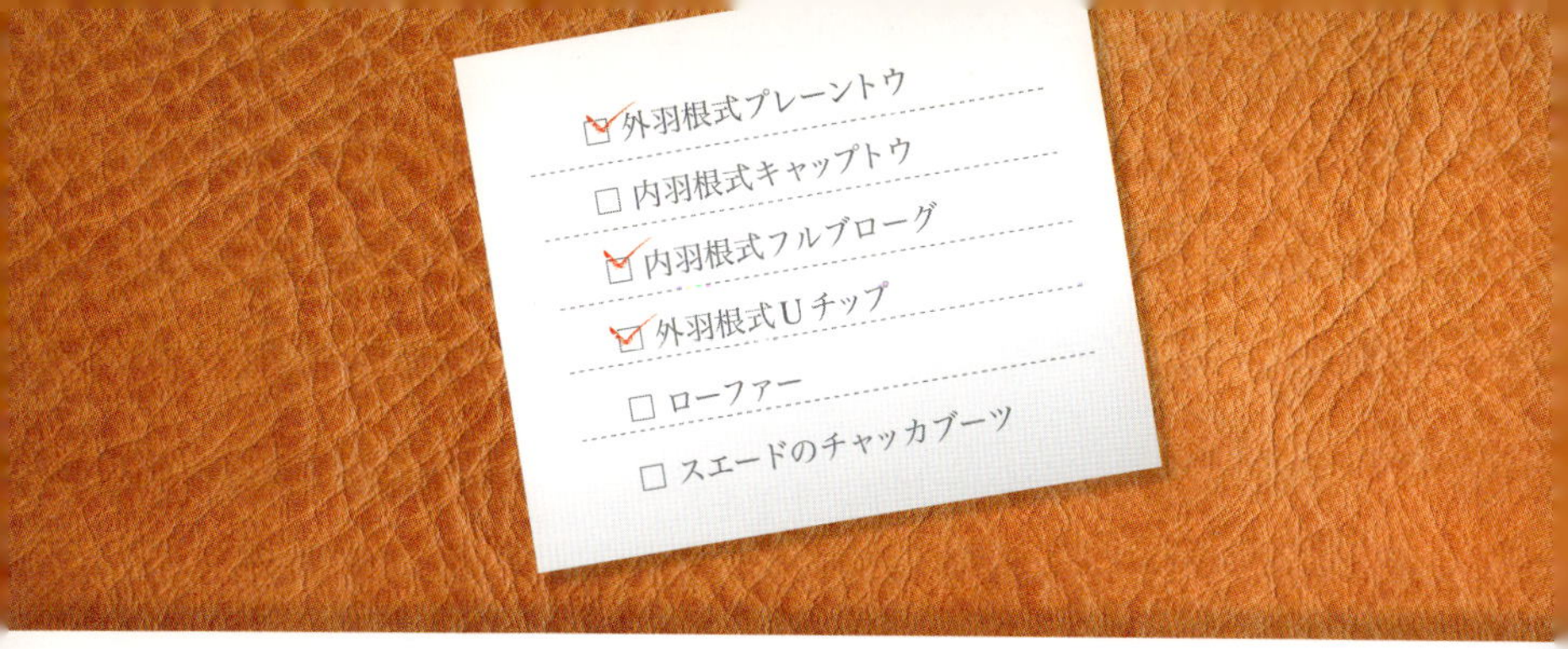

5 *style*

紺のローファー

5足目。カジュアル性の強いローファーは、黒・茶以外の選択もありです。

6 *style*

茶スエードのチャッカブーツ

6足目。スエードのブーツは秋冬の休日に最適。お手入れも実は簡単です。

0-2 アッパーに用いる様々な革

紳士靴のアッパーには、牛革を代表に様々な革が用いられます。それぞれの性格を生かして履きたいものです。

本文8章参照

・型押し革

傷が目立ちにくく模様も様々。

・パテントレザー

眩い光沢が半永久的に続きます。

・銀付き革

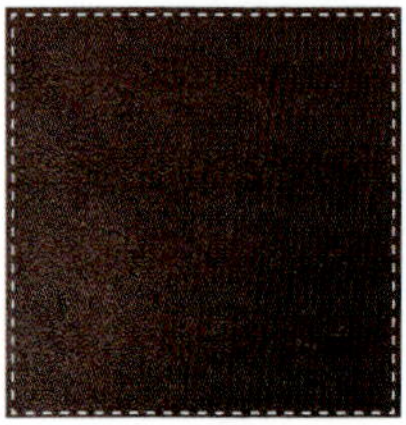

「革らしさ」が最も味わえます。

・スエード

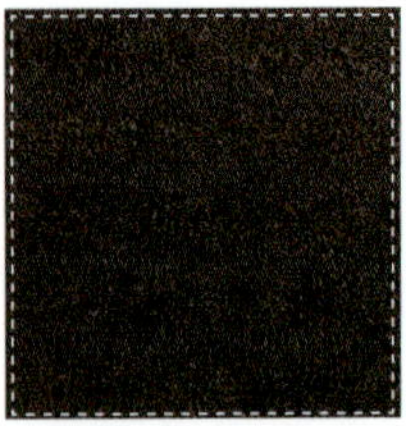

温和さが増す起毛革の代表です。

・揉み革

表情に幾分膨らみが加わります。

・ガラス張り革

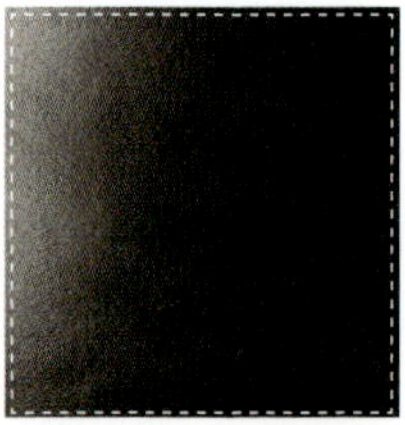

印象が平板な分、扱いやすい革。

・リザード

密な模様が美しいトカゲ革です。

・ロシアンカーフ

18世紀末のトナカイ革。希少品！

・オイルドレザー

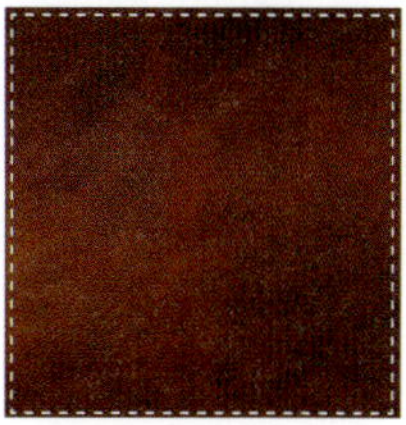

過酷な使用にも十分に耐えます。

・シャークスキン

サメ革は武具でもお馴染みです。

・クロコダイル

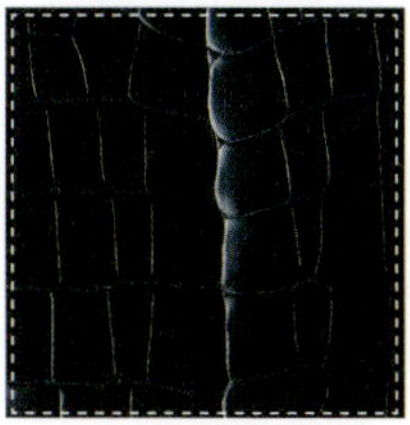

ワニ革は見た目に比べ柔軟です。

・コードヴァン

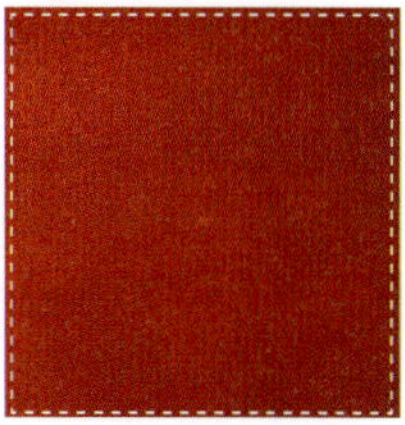

透明に輝く馬の臀部の裏革です。

協力：株式会社リーガルコーポレーション

0-3 どんな部品で靴はできる？

外から見たのに比べて、靴ははるかに多くの部品から組み上がっています。その主要なものを広げてみました。

本文２章参照

主に内部を構成する部品

靴の強度に関わる部品は、目に付かない内部に備え付けられます。

※写真の数字は２章での解説番号です。詳しくはそちらをご参照ください。

主に外部を構成する部品

アッパーだけでも部品が様々に組み合わされ、「靴」を形作ります。

0-4 靴は組み上がるとこうなる

百数十もの工程を経て、一足の靴が完成します。前のページで紹介した主要な部品の位置をご確認ください。

本文 2・7 章参照

製法で多少差があるものの、靴はアッパー→インソール→アウトソール→ヒールの順で組み上がっていきます（写真右）
グッドイヤー・ウェルテッド製法の靴は特に多層構造となり、体重をしっかり支えます（写真下）

※写真の数字は 2 章での解説番号です。詳しくはそちらをご参照ください。

協力：株式会社リーガルコーポレーション

紳士靴を嗜《たしな》む

はじめの一歩から極めるまで

飯野高広

朝日新聞出版

装丁・口絵・本文デザイン　フォルマー・デザイン
イラスト　香川理馨子
写真　及川智子／藤川望
　㈱R＆D／㈱ルボウ／著者
図版作成　鳥元真生／石川和実
取材協力　㈱リーガルコーポレーション

序にかえて

一分でも一秒でも多く寝ていたい朝。顔を洗って歯も磨き、身支度を瞬時に整えイザ出勤……。そんな時、お財布や腕時計、それに携帯電話を持つのを忘れてしまうことは稀にあっても、靴を履かずに家を出る、ということはあり得ません。もはや無意識に用いているくらいに、靴とは私たちの生活に不可欠で身近なものなのです。なくてはならない理由は、靴の根源的な役割を考えれば自ずと明らかでしょう。

つまりそれは、

・**足を外部環境から保護する**（小石などで足に傷をつけない）
・**快適な歩行を補助する**（長時間履いても足に疲れが出ない）

ために用いられるものだからです。

その一方で靴は今日、性や世代それに国の別を問わず、装いやマナーの意味合いが大変強いアイテムにもなっています。人間が決して一人ではなく、他人と関わりをもって生活するために、身体面でも精神面でも文字通り「足元を支える存在」で

ある靴には、歴史的に、
・**戦う**：他人と生死を懸けて戦い、生き抜くための靴
・**働く**：特定の労働を、環境に応じて効率的に行うための靴
・**愉しむ**：舞踏《ダンス》などの娯楽を、華やかに演出するための靴
・**従える**：権威の象徴として、自己の優位性を保つための靴
などのさらに細かい役割も課せられ、これらが様々に絡み合い発展してきたからです。

ドレスシューズ、ワークブーツ、スニーカー……。男性が使う靴に限っても様々な種類があるのは、それゆえ当然なのです。ただ、実際には流行、しかも表層的なもののみを偏重するがゆえに、作る側が意識している・いないを問わず、また分野や嗜好も問わず、これらの役割が稚拙にしか表現されていない靴が非常に多く出回ってしまっています。つまりカッコをつけているだけで履きづらい・使いづらい靴なのですが、たとえ価格が高いものや世間でよく知られたラグジュアリーブランドのものであったとしても、その種の靴がないとは限らないのが困ったところです。

また、靴を履く側にしても、前述した観点で深く思索する場を得られていないばかりに、文字通り場当たり的に靴を無頓着に買ってしまったり、ファッション雑誌

などから出てくる大量の情報を鵜呑みにしただけの状態でそれを選んでいるケースが、残念ながら特に我が国での男性では多々見られます。一見正反対に思える双方ですが、うわべだけの「判断」しかできておらず、自らの身体や心理それに周囲の環境にまで靴の意味や適合性を溶かし切れずにそれを身に着けている点では、実はどちらも共通です。日本人男性は以前に比べお洒落になったとしばしば言われるものの、少なくとも足元に関してはまだ何かが足りず、またこれはあまり指摘されませんが、一見完璧でありながら、何かが決定的にズレている場合も結構あるのです。

男性が履く靴、特に「紳士靴」とも呼ばれるドレスシューズを取り巻くそのような状況の中で、少しでも多くの履き手の皆さんが、その真の役割や意味を深く思索できる環境を整え、前述した今日足りない、もしくはズレている「何か」を明確にし、自らのみならず周囲にも本当に快適な紳士靴にめぐり合うための仲介役となるべく、この本を著しました。具体的には、

・**健康に留意して履く**＝靴を買う前に知っておきたい知識
・**品位をもって履く**＝靴を買う時に活用したい知識
・**大切に扱って履く**＝靴を買った後に役立たせたい知識

の3点を主軸に据え、足の構造から紳士靴にまつわる近年の動向まで、12の項目に分けて詳しくかつなるべくわかりやすく書いてみました。

巷《ちまた》のファッション雑誌では詳しく採り上げる傾向にある、個々のメーカーやブランドの名称やその歴史などについては、あえてほとんど触れておりません。それよりももっと基礎的な、でももっと肝心な分野に多くのページを割きました。文章だけでは難解な部分については、イラストや写真も適宜入れましたので、最後までお読みいただければ紳士靴の選択に幅が広がると同時に深みも増し、それが単に身体の一部としてだけでなく、的確に自己を表現する「ことば」としても意識・活用できるようになるはずです。

タイトルである「嗜む」には、一般的に用いる「愛好する」という意味だけではなく、

- **趣味などを学び身につける**
- **自らの行いを慎み、気をつける**
- **あらかじめ用意し心掛ける**
- **身なりをきちんと整える**

などの深い要素も有しています。服飾全般に「ファッション」などの外来語がもっぱら用いられ、「身嗜《みだしな》み」なる素晴らしい表現が使われなくなって久しいのですが、この傾向は今日の装い、特に男性の装いがそれらの要素の欠如した、いわば薄

情で浮ついた自律性のない存在でしかないのを露呈している象徴の感もあり、少々寂しいものがあります。

また、その根本には、多くの「ファッション」関係者を含め、身嗜みを唯一絶対的に支配する「ルール」としか捉えていないがゆえに、それを反射的に敬遠している「幼さ」が隠れているのではないでしょうか。だからそれを「コワす」「ハズす」ことでしか自己を表現できていないのです。

身嗜みとは、十分な思索を通じ、時と場に応じて最適解を導くための指針＝「マナー」であってほしいものです。この本が一つの指針となり、まずは足元＝紳士靴とその周辺を見つめることを通じて、装いを誰かに無意識かつ無理やりに踊らされ支配されてしまうのではなく、それを読者の皆さんが自らの身体の一部として、そして自らの「ことば」として、自然と「嗜む」段階へと踏み出せるきっかけとなれましたら幸いです。

目　次

第１部 健康に履きこなしたい人のために

1. まずは自分の「足元」を見つめよう！

この章では「靴」を語る前にぜひとも知っておきたい、「足」についての基本的な構造について見ていきます。どのような組織で足は構成され、歩く際にはどのように動くのか？　また他の器官の活動にどのように連動していくのか？　日頃はあまりに無意識な領域ですが、靴選びの根幹に関わる知識であることは間違いなく、その複雑なメカニズムに驚かれるはずです。またそれに絡んで、日本よりはるかに長い靴文化を有するヨーロッパの人々との比較を通じ、靴を履いて歩く際の「理想的な姿勢」も考察し、さらには足の大きさの測り方についても解説していきます。

1-1 まずは足の「骨」の構造を知ろう！

人間の足は、大きさの割に骨の多さが際立ちます。細かく組み上げていくことを通じて、わずかな面積で人間の体重を支える文字通りの「骨格」を築いているのです。

足の骨の構造

前から見ると▶

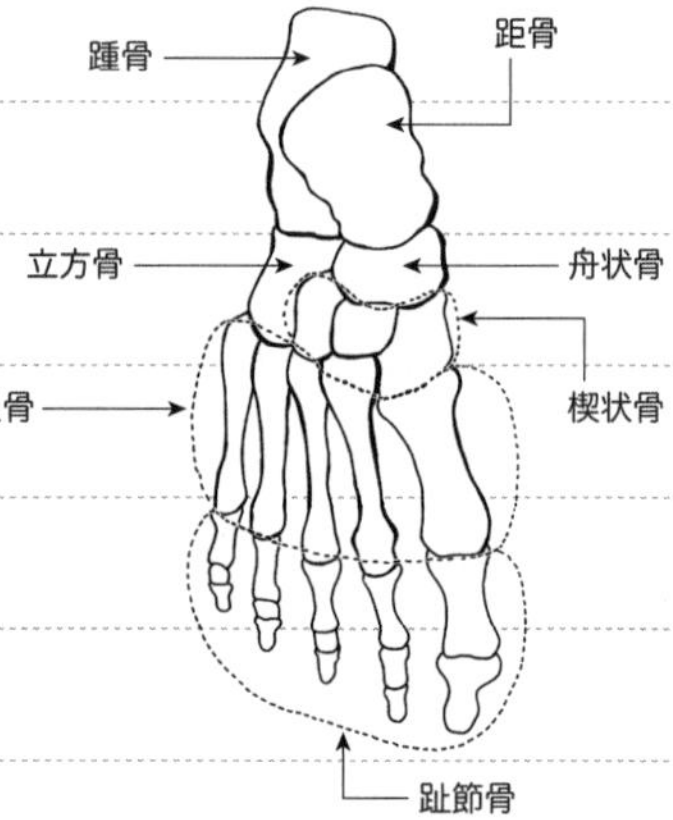

横から見ると▶

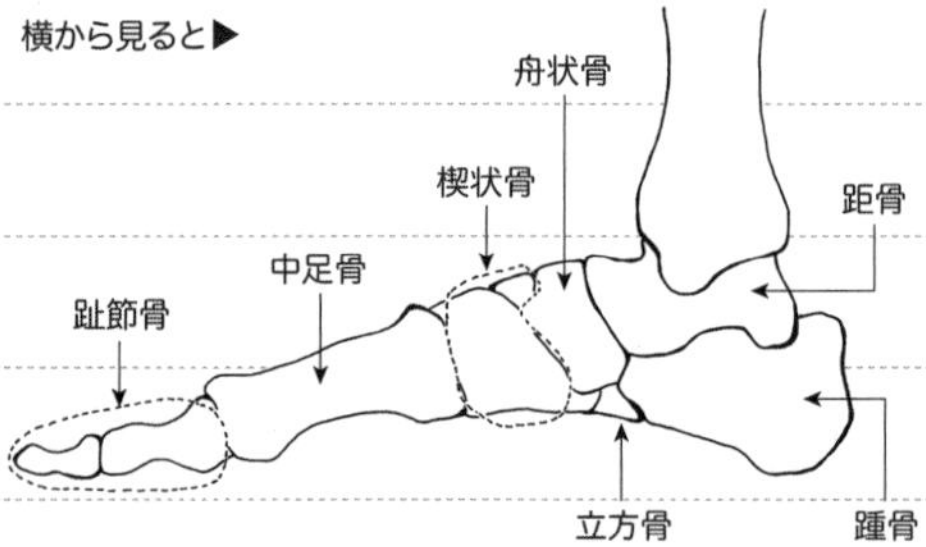

「足」とは、広義には大腿部（太もも）・下腿部（ふくらはぎ）並びに足部（足首から下）の総称で、より狭義に捉《とら》える場合はこれらの「足部」のみを指します。これから先は後者の定義に従ってお話ししてまいります。

足を構成する骨の数は、想像以上に多いのが特徴です。片足で合計26の骨から構成され、両足で数えるとその数は、人間一体すべての骨の約1／4にもなります。長さ約30センチ弱のわずかな空間にこれだけの骨が集中している事実は、足がいかに人間の営みに重要な影響を与え、同時に精密さを求められる器官であるということを証明しているかのようです。

これらをもう少し詳しく見ていきましょう。右ページの図も併せてご覧ください。

爪先（前足部）

「趾節骨《しせつこつ》」と呼ばれる骨で構成されます。要は足の指の骨です。他の指にはこれが各三つずつありますが、親指は二つの骨だけからなります。

甲の前半（中央部）

各指に一つずつの「中足骨《ちゅうそくこつ》」から構成されます。足で一番幅が広い部分となり、親指の趾節骨と繋がる第一中足骨は特に太いのが特徴です。

甲の後半〜踵（後部）

「足根骨《そくこんこつ》」と呼ばれる骨の集合体で構成され、ここで体重をしっかり支えることになります。内訳は爪先側から順に「楔状骨《けつじょうこつ》（三つあります）」、「立方骨《りっぽうこつ》」、土踏まずの維持に関わる「舟状骨《しゅうじょうこつ》」、足首を形成する「距骨《きょこつ》」、そして踵《かかと》を形成する「踵骨《しょうこつ》」の七つです。特に距骨と踵骨は大きな塊となります。

ただ、オギャーと生まれてからすぐにすべての骨が存在するわけではありません。数として出揃うのは4歳前後、「骨」として固まり始めるのは7〜8歳前後になってからです。いずれにしても、これらの骨が靭帯（骨と骨同士を結び付ける組織）で繋げられ、さらには筋肉と腱（骨と筋肉とを結び付ける組織）で支持されることで初めて、足はその形状を保てるのです。

1-2　人間が人間であるための、3本のアーチ

ここでは人間の直立二足歩行を可能にする、足のアーチ構造について考えます。靴には本来、この構造を保護する役割もあるのですが、逆にそれを崩してしまう場合もあるのです。

第一のアーチ

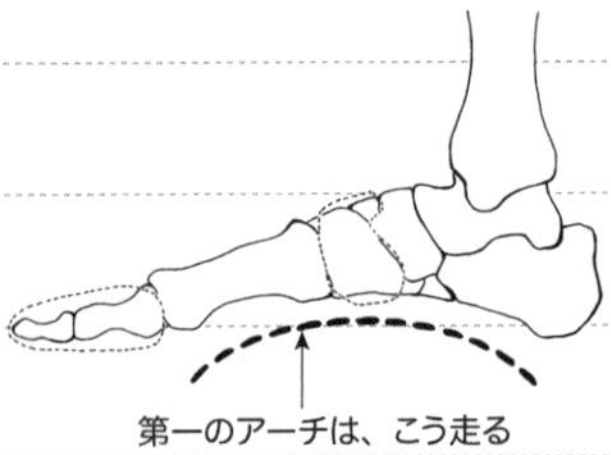
第一のアーチは、こう走る

足の3本のアーチ

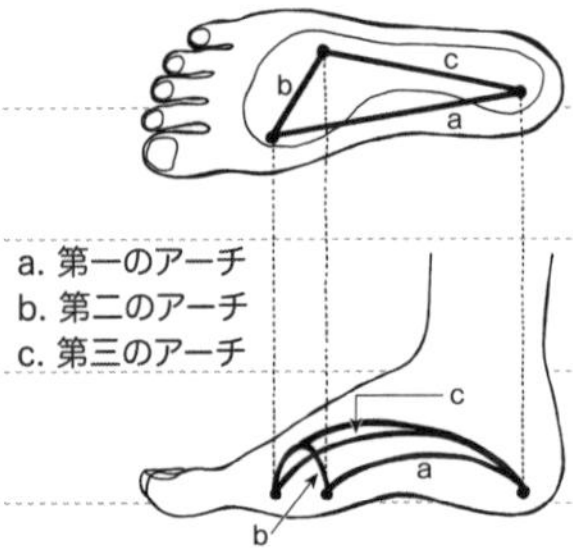
a
b
c
a. 第一のアーチ
b. 第二のアーチ
c. 第三のアーチ

足の体重移動

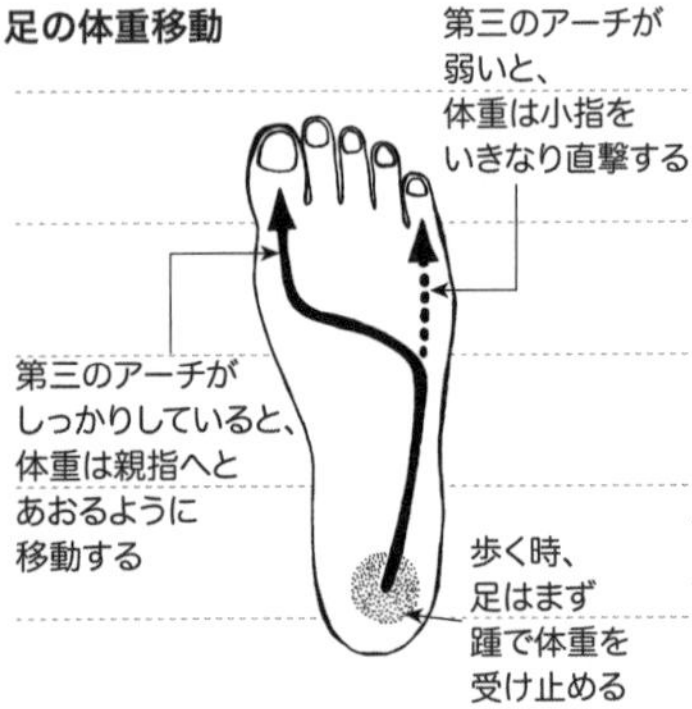
第三のアーチが
弱いと、
体重は小指を
いきなり直撃する
第三のアーチが
しっかりしていると、
体重は親指へと
あおるように
移動する
歩く時、
足はまず
踵で体重を
受け止める

第二のアーチ

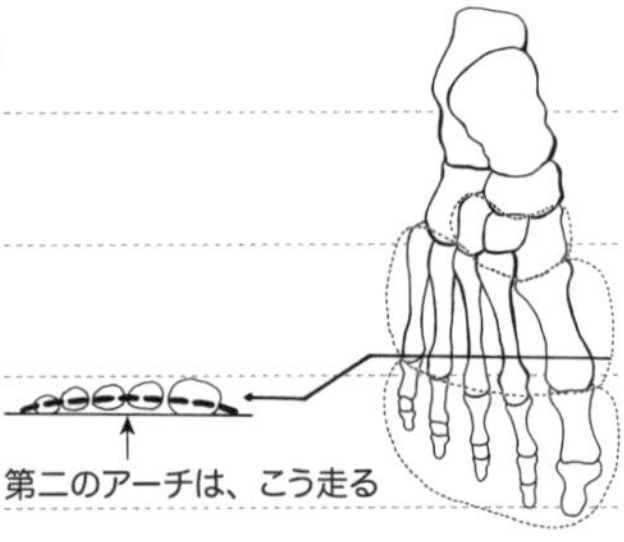
第二のアーチは、こう走る

犬や猫、牛それに馬のような四肢動物は、前肢と後肢の間に胴体を蓋《ふた》状に横置きすることで、身体に強固な「ドーム構造」が備わり、地面にどっしり踏ん張ることが可能になります。

一方、人間は彼らとは異なり、進化の過程で二足直立となり前肢と後肢に跨《また》がる空間が失われたがゆえに、前記のドーム構造を足部に取り込むことで身体を支えるようになりました。他の動物に例えれば、爪先が前肢、踵が後肢の役割を果たし、その間のわずかな立体空間に、骨・靱帯・筋肉そして腱で合理的かつ強固な「3点支持のアーチ」を形成することで、その全体重を受け止めるのです。

歩行の際には、片足に体重の25%増しとかなりの負荷がかかるものの、通常はこれらのアーチが見事に支え続けてくれます。しかしこのアーチ、案外あっさり崩壊してしまうのも事実で、その主要な原因の一つが、実は「足に合わない靴を履き続けた」です。お洒落としての靴も確かに大切な要素ですが、それにばかり気を取られるのも禁物なのです。

「3点支持のアーチ」の具体的な構成を見ておきましょう。なお、ここで登場する足の症状については、3章で詳しく解説します。

■第一のアーチ

親指の付け根から踵にかかる、いわゆる「土踏まず」です。三つのアーチの中で一番大きい代表的なもので、「縦のアーチ」とも呼ばれています。「扁平足」とは先天性・後天性にかかわらず、これが崩れてしまい地面に完全に着いてしまう状態です。また、そこまでには及ばないものの、通常よりも落ち込んでいる状態を「ローアーチ」と呼びます。いずれもアーチがクッションの役割を果たさなくなるため、足に体重が直接かかってしまい疲れやすくなるだけでなく、それをかばう大腿部や下腿部にも悪影響が出てきます。逆にこれが通常よりも上がり過ぎている状態は「ハイアーチ」と呼ばれ、いわばクッションが効き過ぎている状態なので、爪先や踵に非常に負担がかかります。

■第二のアーチ

「横のアーチ」とも呼ばれる、親指の付け根から小指の付け根にかかるものです。日頃の歩き方や靴の履き方に問題がなく、幼児期にしっかり運動していれば、このアーチが崩れる可能性は本来少ないようです。しかしそうでない場合は、ここの靭帯は壮年期になる前から緩み始め、足がもみじの葉のようにペチャンと広がり切った状態となってしまいます。この症状を「開帳足」と呼び、趾節骨と中足骨との付け根が「支点」の役割を果たさなくなるため、本来は地面を摑《つか》む役割を果たす人差し指・中指・薬指の動きが鈍くなり、躓《つまず》きやすくなるなど歩行にも少なからぬ悪影響が出てきます。なお、幅広だと信じ込まれている足が、骨格と肉付きによるものではなく、実は開帳足になったためにそのように見えるだけという事例が近年相当増えているようです。

■第三のアーチ

小指の付け根から踵部にかかるアーチで、他の二つに比べそれほど知られていないものです。人間が歩く際の足の動きとは、

①まず踵から着地し、体重を足部の外側に移動させる。

②次に体重を足部の外側から内側に移動させる。

③最後に親指が地面を押さえつけ、体重を支えた上で地面を蹴り上げる。

一連の「あおり運動」です。このアーチが緩んでしまうと、一連のこの動きが円滑に行えなくなるので、上体が左右方向にブレるバタバタ・ドタドタした足運びとなり、小指に想定以上の負荷がかかってしまうのです。なお、これはO脚（「気をつけ」の起立姿勢をとる際に、左右の膝を接することが不可能な症状）の原因の一つにもなり得ます。

さて、人体の末端部である足は、立つ姿勢を維持したり歩いたりだけでなく、その筋肉を動かすことでポンプのように静脈を圧迫し、血液を心臓に送り返しその循環を促進させる大きな役割も担っています。これを牛の乳搾りにたとえて「ミルキングアクション」と称します。他の器官でも行われている作用ですが、足は心臓からの距離が一番遠くかつ心臓よりも下にあるため、この部分のミルキングアクションはことさら重要で、これこそ足が「第二の心臓」と呼ばれるゆえんです。

「足の保護」や「快適な歩行の補助」だけでなく、靴は本来、この作用の活性化にも貢献する有益な道具となるはずです。しかし、選び方を間違えた結果、足のアーチが崩れてしまうと、前述の「あおり運動」が円滑に行えず足の動きが鈍くなるだけでなく、身体全体の血液循環の悪化にも繋がるので、十分気をつけたいものです。

1-3　靴を履いた時の正しい「歩き方」と「姿勢」

足のアーチ構造を崩さないためには、歩き方や姿勢も肝心です。靴が一般的となってまだ日の浅い日本人と、身体の一部となり切っている欧州の人々のそれらを比較してみます。

過去の履物や生活習慣などに関わるのでしょうが、日本人は、

①顎を出して
②やや猫背で
③歩幅も狭く
④膝を折り曲げ
⑤「すり足」に近い状態で

歩く傾向が強いようです。ちなみに「すり足」とは、能の舞台や武道、それに神社の神主さんなどに今日でも見ることができる、我が国古来の美徳を象徴する誇るべき歩き方ですが、残念ながらこの五つはすべて、前述した足の「あおり運動」が歩行時にうまく行えていない証拠でもあるのです。足のアーチで地面からの衝撃を吸収し切れず、それを膝や背骨など他の骨格にも負わせようとしているわけです。このままでは、どんなに素晴らしい設計がなされた靴を履いていたとしても、その機能は十分享受できません。

一方、海外特に欧州に行かれた経験のある方は、それとは対照的に年齢や性別を問わず街を歩く人々の「良い姿勢」に驚かれた記憶を、恐らくお持ちだと思います。確かにヨーロッパ系の人は、

①頭を垂直に（ちょうど後ろ髪を引かれるような感覚で）
②進行方向を真っすぐ向き（視線は気持ち遠めに）
③背筋をピンと伸ばし（胸を張っている）
④腕を後方に大きく振り（一方、肩の力は抜けている）
⑤広めの歩幅で（理想は靴の長さ2足分くらいとも「身長マイナス100センチ」とも言われます）
⑥後ろ足の膝を伸ばし地面を十分蹴り上げて

歩くのが一般的です。そう、誰からも教わらなくても、近年我が国でも盛んになった「ウォーキング運動」その

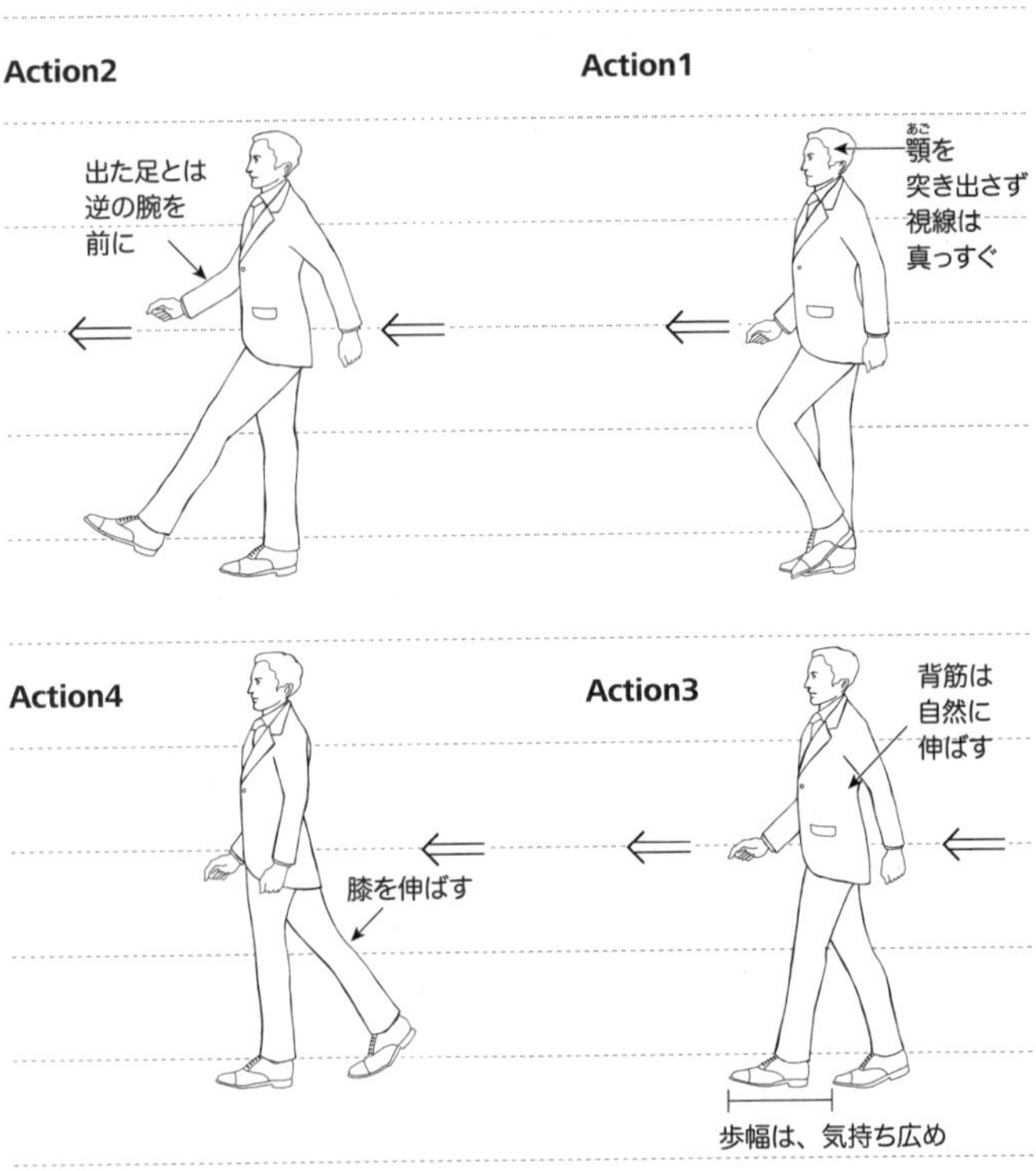
Action2
出た足とは
逆の腕を
前に
Action1
顎《あご》を
突き出さず
視線は
真っすぐ
Action4
膝を伸ばす
Action3
背筋は
自然に
伸ばす
歩幅は、気持ち広め

ものなのです。

特に⑥は、それを通じてその部分の筋肉が刺激され、これに繋がる足の舟状骨が上方に持ち上がるため、「縦のアーチ」が自然と維持され、足の「あおり運動」が円滑に行われる状態に結び付きます。これをしやすいように、新品の段階から爪先を前方にわずかに反り上げた状態で設計するのが、イギリスやアメリカの靴では一般的です（「トウスプリング」と称します）。この六つの感覚を十分に意識するとともに足に合った靴を履いていれば、足のコンディションのみならず姿勢や歩き方も、良い方向に必然的に導かれるのです。

1-4 足と靴の「大きさ」は、どこで測る？

「足の大きさは？」と人に聞かれたら、誰もが無条件に意識するのは、その前後方向の長さのみでしょう。でも靴選びに大切な役割を果たす「大きさ」は、他にいくつもあるのです。

足長（レングス）と足幅（ウィズ）

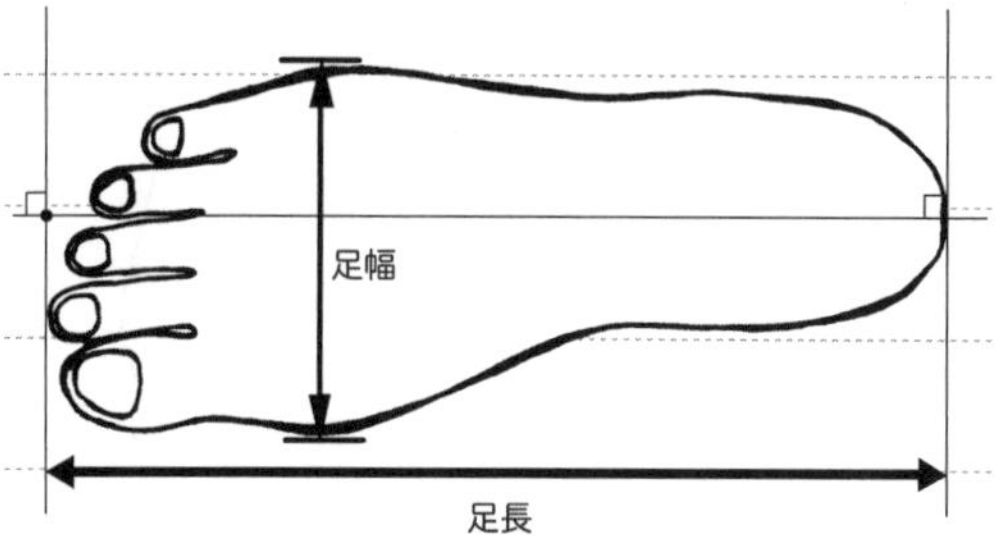

足長

「レングス」とも呼ばれます。この言葉を足に用いる場合は、踵点（踵が一番出っ張った部分）から最も長い指の先端までの長さを指します。また、この言葉を靴に用いる際は、踵の最後端から爪先の最先端までの長さを指します。

足幅

「ウィズ」とも呼ばれます。通常は足の踏み付け部の親指と小指の付け根の間、つまり足で左右方向に最も広い領域（ボールジョイント）の幅を指します。この言葉を靴に用いる際でも、同じ部分の幅を指します。

足囲（ガース）

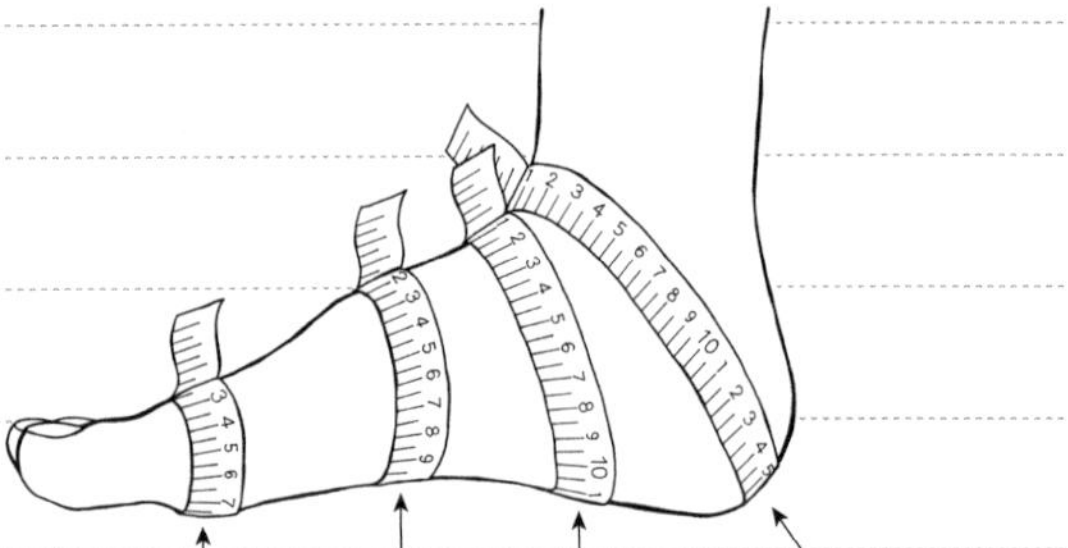

足囲

「ガース」とも呼ばれ、通常はボールジョイントを1周する「一の甲（ボールガース）」の距離を指します。詳しくは4章で解説しますが、既製靴で用いられる足囲の表記はこの部分の距離が基準です。日本ではここと前述した「足幅」との概念がしばしば錯綜し、しかもなぜか「ワイズ」と呼ぶことがすっかり定着してしまいました。

なお、「一の甲」を1周した距離だけが足囲とは限りません。他の部分を指す場合もあり、具体的には甲の最もくびれた部分を周るまずの上となる楔状骨周辺を囲む「二の甲（ウェストガース）」、土踏「三の甲（インステップガース）」、楔状骨から踵下部にかけての周囲を測る「ヒールガース」などが用いられ、いずれも靴の設計には不可欠なデータとなります。

第1部 健康に履きこなしたい人のために

2. 「部品」を知れば、靴の役割も見えてくる！

この章では、靴がどのような部品から成り立っているのかについてお話しします。表側から見えるあくまでデザイン上のものもあれば、普段は人目に触れることがなくても履き心地を大きく左右し、靴の機能として不可欠なものも存在します。また、伝統的な天然素材でできたものもあれば、最先端の科学技術で生み出されたものもあり、一足の靴の中でそれらが仲良く共存しているのが興味深い点です。いずれにしてもわずか30センチ前後の領域の中で、これだけのパーツが用いられていることには驚くばかりで、足の動きの複雑さ・精緻さを象徴しているかのようです。用語が若干複雑ですが、使いこなせるようになればもう立派な「靴好き」ですよ！

なお、巻頭の口絵6～8ページもご参照ください。

2-1　主に靴の表側のパーツについて

ここでは主に「外から見える部分」についてお話しします。今日では靴のデザインを変化させる大きな要素ではあるものの、その起源はすべて機能面から考え出されたものです。

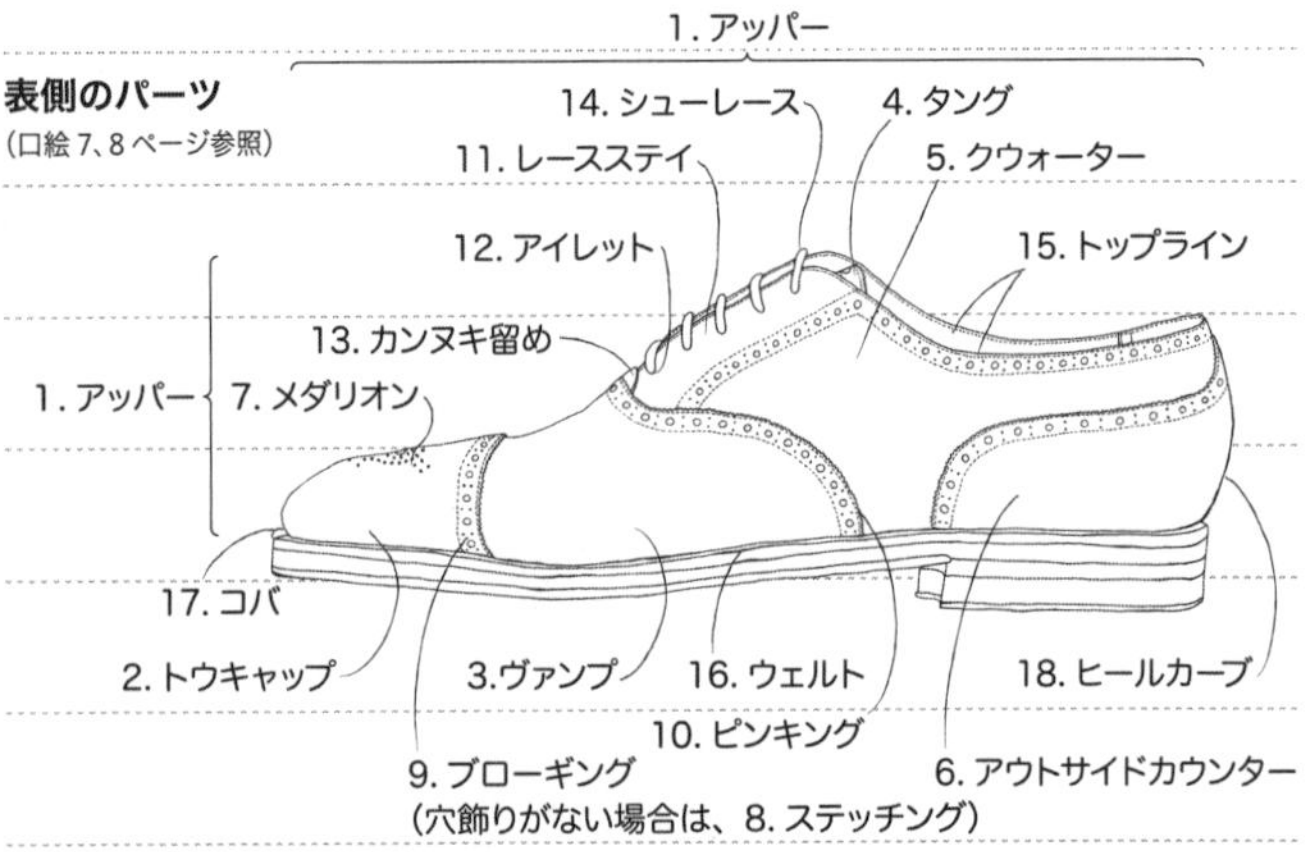

1 アッパー

一言で言えば靴本体の上半分全体を指し、底部より上で表に露出している部分の総称です。「甲革」の名称も用いられますが、素材が革でなくてもそのように呼ばれます。トウキャップ、ヴァンプ、タング、クウォーター、アウトサイドカウンターの各部に分かれ、それらが縫い合わされ、さらに木型にかぶせられ底部と接合すること（この工程を「釣り込み」と呼びます）でようやく立体的になります。足の上半分を覆うため、耐久性のみならず柔軟性や通気性・吸湿性などが高度に求められ、ドレスシューズの場合その最適な素材は、昔も今も牛革などの天然皮革です。

2 トウキャップ

「飾り革」とも呼ばれる、アッパ

ーの爪先部を覆う部分です。通常はヴァンプの上にかぶさる形になり、爪先部の保護・補強を果たすのが本来の役割ですが、現在ではあくまでデザインの一部となっています。この部分の形状や装飾次第で、靴の名称、特に紐《ひも》で締め上げる形状の短靴の名前が様々に変化していくのですが、それについては5章に回します。なお、これを取り付けることなく、ステッチングやブローギングをヴァンプに直接施すことでそう見せかける大変凝った靴も存在し、それらを特に「イミテーションキャップ」と呼ぶ場合もあります。

3 ヴァンプ

アッパーのレースステイよりも手前全体を覆い、「爪先革」とか「プラグ」とも呼ばれます。その領域には足幅や足囲が最大となる親指の付け根から小指の付け根にかけて、すなわち歩行の際に動きの要となる領域（ボールジョイント）が含まれます。よって着用中にはアッパーの中で最も激しく曲げられてしまう部分であり、革製のドレスシューズの場合、お手入れを怠ってしまうと最もひび割れを起こしやすい箇所でもあります。ここの長さや地面に対する角度次第で、同じスタイルや同じサイズの靴であっても靴の表情は大きく変化します。

4 タング

「舌革」とか「べろ」とも呼ばれ、足の甲部への感触を緩和・改善するとともに、防水・防塵の役割を果たすパーツです。レースステイの下部一箇所でのみ留められている場合もあれば、ヴァンプ並びにレースステイ側面と一体化させ折り込まれたものもあり、中にはこれを表側に折り返すように延長させることで、機能の強化や装飾性の充実を図ったものも存在します。スポーツシューズではこの中心部に切れ込みを配し、そこにシューレースを通すことで位置を固定するのが当たり前ですが、ドレスシューズではそのような仕様はなぜか見当たりません。

5 クウォーター

アッパーのレースステイよりも後ろ全体を覆う部分のことで、「腰革」とも呼ばれます。特に親指側のクウォーターは、人間の直立歩行を可能にする「土踏まず部の縦のアーチ（第一のアーチ）」を外側から支える領域なので、ここをいかに曲面的かつ三次元的に仕上げるかが靴の履き心地を大きく左右することになります。目に付きにくい部分ではあるものの、手作業を中心に丁寧に作り込まれた靴とそうでないものとが一発で判別できる箇所です。また、この部分の木型への「添わせ方」が最も美しく表現できる素材が、牛革を代表とする伸縮性に富んだ天然皮革なのです。

6 アウトサイドカウンター

アッパーの踵部分を覆うパーツで、本来はそこの保護・補強が目的でしたが、現在ではあくまでデザインの一部となっています。通常、上辺には靴全体の容姿に見合ったステッチングやブローギングが施され、クウォーターの上にかぶさる形になりますが、その下に内蔵される月型芯の形状とは必ずしも一致しません。また、これ自体を付けない場合も数多く見られ、当然ながらその場合のほうが靴はすっきりとした印象に仕上がります。なお、靴の最後尾の縫い合わせ部のみを覆い隠すものも存在し、その場合は「バックステイ(市革)」の名で呼ばれます。

7 メダリオン

トウキャップに施される穴飾りのことです。ちなみにこれは英語で、米語では「パーフォレーション」と呼ばれます。16世紀から17世紀にかけてのアイルランドやスコットランドで履かれていた労働靴を起源とし、もともとは通気性や排湿性を確保するための実用的なディテールでした。現在ではあくまでデザインの一部であり、ポンチでトウキャップの革に穴を開け、その下に薄く漉《す》いた革もしくは布を当てて見栄えを整えています。草花の模様や動物の顔をモチーフにしたものが多く、誂《あつら》え靴では自らの紋章の一部やモノグラムを施すような意匠も見られます。

8 ステッチング

アッパーの切り替え部分に沿って施される縫い目が、シンプルに縫い糸のみで構成される場合の呼称です。縫い糸のピッチが細かければ清楚でおとなしい雰囲気を、太く粗くなれば逞しさを演出することが可能です。

ただ、靴の強度に直接絡んでくる意匠なので、どこにどのようなピッチでこれを施すかは、見た目のカッコ良さやバランスだけでは語れない要素でもあります。なお、片方の革の縫い場を折り返して縫うことで、あえて革の断面や縫い糸を見せない非常に凝った意匠も存在し、近年ではこれを特に「レベルソ」と称する場合もあります。

9 ブローギング

アッパーの切り替え部分に沿って施される縫い目が、一連の穴飾りで構成される場合の呼称です。米国ではこちらを「パーフォレーション」の名で呼ぶ場合もあり、また我が国ではその代表的な配列形状から「親子穴」なる名称も用いられます。メダリオンと同様に起源は16～17世紀のアイルランドやスコットランドで履かれていた労働靴で、本来は通気性・排湿性確保のための実用的なものでした。ステッチングを施すよりも靴にスポーティーな印象を与えることが可能で、穴の大きさや配列次第で靴全体の印象を大きく変えるスパイス的な意匠です。

10 ピンキング

「ギンピング」とか日本では「ギザ抜き」とも呼ばれる、アッパーの切り替え部分の端やタングの先端に施される鋸刃《のこぎりは》状のギザギザ模様の刻みのことです。デザインの上で相性の良いブローギングと組み合わせで用いられる場合が多く、それと同様にギザギザ模様のピッチも様々なものが存在し、靴に活動的な印象を増幅してくれます。ただ、確かに装飾的な要素が第一義ではあるものの、衣類の世界でも服地の端の始末にこれを施すことから想像できる通り、革の切れ端をササクレにくくする実用的な仕様でもあり、特にタングの先端に施される場合その効果が顕著です。

11 レースステイ

紐で締め上げる形状の靴でアイレットが配される部分です。我が国では「羽根」の名を使う場合のほうが多く、これがヴァンプの下に潜るように接合された靴を「内羽根式」と称する一方、これがその上に載るように接合されているものを「外羽根式」と呼びます。どちらを選ぶかで同じスタイルの靴でも表情だけでなく使われ方自体が大きく変化するのですが、その詳しい説明は5章に譲ります。また、この位置が爪先寄りになるか足首寄りになるか、さらにはこれを長めに設定するか短めにするかでも、靴の表情や履き心地が想像以上に変わります。

12 アイレット

「鳩目」とも呼ばれる、シューレースを通すための穴のことです。紐で締め上げる形状の短靴では、レースステイ上にこれが3～6個×2列配置され、一般的にはその数が少ないほうが改まった場合にはふさわしいようです。ここを補強する金具が表面からは見えない仕様を「内鳩目」と称し、落ち着いた雰囲気を靴に与えます。その一方、金具が表面に露出する仕様は「外鳩目」あるいは「グロメット」と呼ばれ、靴に活動的な印象を増すだけでなく、鳩目自体の大きさや色を変化させることを通じて、靴の表情にアクセントをつける役割も果たします。

13 カンヌキ留め

縫い目に施される補強縫いのことで、特に説明のない場合は、内羽根靴のレースステイ付け根部分に施される補強縫いを指します。「しゃこかん」「しゃこ留め」とも呼ばれます。ヴァンプ、タング、レースステイ2枚の合計4パーツが一点で縫い重ねられるだけでなく、足の「上下方向に曲がる」動きに際して力が集中してしまうのがこの部分であり、目立たないながらも靴の寿命を確実に延ばす一工夫です。

上から半月形の隠し革で覆われることもあり、デザイン上のアクセントにもなりますが、そうでない場合のほうがその分、縫いが頑丈に行われるようです。

14 シューレース

フィット感を微調整するだけでなく、靴の表情を引き締める意味でも重要な役割を果たす靴紐です。素材は価格の割に耐久性に優れる綿や綿・化繊混紡が主流ですが、発色に優れアタリの良い絹製も捨て難いです。同じ素材でも表裏を気にせず靴に通せる「丸紐」は柔らかな感触を得やすい一方、それを気にせざるを得ない「平紐」はタイトな感触となりやすいのも面白い点です。

また、結びやすい「ガス紐」、耐久性抜群の「蠟《ろう》引き紐」、クッション性に富んだ「編み紐」など、加工方法でも特徴に大きな差が出ます。なお、「通し方」については4章で説明します。

15 トップライン

アッパー上端の履き口の形状のことで、足首の下部をしっかり包み込むと同時に踝《くるぶし》には当たらないのが理想的で、実は心地良くフィットする靴を探すのにひと苦労するポジションでもあります。靴メーカーによる設計思想の違いでその差は大分あるものの、通常は外踝側が内踝側より微妙に低い位置取りを行います。

また、ローファーなどのスリッポン形式の靴では、上端をクウォーターとは別の革でグルッと覆う「トップステイ」と呼ばれる仕様が主流で、その内部にウレタンパッドを入れたり、革ではなくゴムシャーリングを施すケースも見られます。

16 ウェルト

「細革」とか「押縁《おしぶち》」とも呼ばれ、ウェルテッド系製法の靴では必要不可欠な帯状のパーツです。ここを介在することでアッパーとインソールやライニング、それにアウトソールとが結果的に繋がります。基本的には成牛の革を用いる一方で、近年はプラスチックを使うものも増えています。

縫い糸を目立たなくするため、革製の場合は仕上げ工程で上面に専用工具でギザギザを入れるのが通例ですが、見た目をシンプルにすべくそれを施さない場合もあり、断面をL字状とすることで雨や埃《ほこり》を靴に入りにくくした「ストームウェルト」と呼ばれる仕様もあります。

17 コバ

靴を真上から眺めると、アッパーの外周を取り囲むように見えるアウトソールの縁部の呼び名です。靴の製法やその時々の流行でここの幅は微妙に変化し、一般的には広くすれば靴全体が安定感のある顔立ちとなる一方で、狭くすると繊細な印象が増す傾向にあります。

断面を丸めたり鋭角的にしたり、アッパー側に曲げる意匠も見られます。靴の製法によっては、ここでアッパーを外側に折り曲げたり上にウェルトを載せたりした後、さらにここを縫うことを通じてアッパー、インソール、ライニングとアウトソールとを繋げる「出し縫い」が施される部分でもあります。

18 ヒールカーブ

踵部の後背面全体の形状を指す、履き心地の重要ポイントである踵の「喰い付き」具合を左右する重要なラインです。各靴メーカーの設計思想が何げなく表れる箇所で、曲線・曲面を多用したものもあれば、比較的直線的なものも見受けられます。その靴を履く際、どのような靴下をはくことを前提とするかで、ここの形状を変化させるメーカーも多く、厚手の靴下を要する用途の靴のほうが緩めの形状になります。ちなみに日本人は足全体の大きさに対して踵が相対的に小さい傾向にあるので、一般的にはここが小ぶりにまとまった靴のほうがフィットしやすいようです。

2-2　主に靴の内側や底部のパーツについて

ここでは主に「外からは見えない・見えにくい部分」についてお話しします。機能最優先と申せるエリアであり、最先端素材の進出が著しいものの、伝統的な材料もまだ健在です。

内側や底部のパーツ（口絵 6 〜 8 ページ参照）

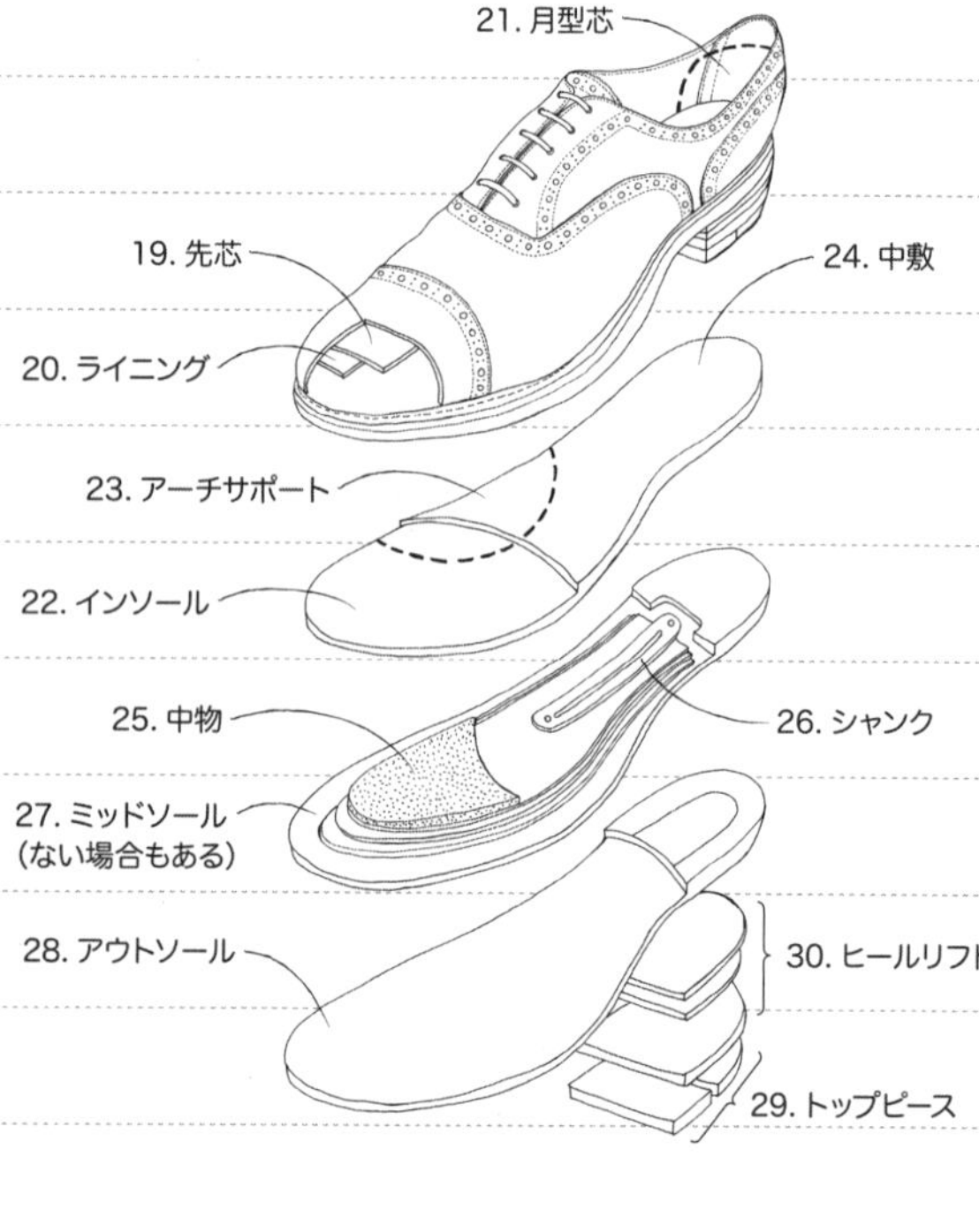

19 先芯

外部からの衝撃や横ずれなどから足の爪先を守り、トウシェイプを維持しかつ補強するのを目的に、爪先部のアッパーとライニングの間に挿入する芯材です。素材はかつては薄く透いた牛革が最も一般的でしたが、革の端材を砕いた上で再成形したレザーボードや、「擬革紙」とも呼ばれジーンズのラベルでお馴染みのパルプボード、それに樹脂系のものも近年では珍しくありません。作業用の安全靴やワークブーツでは、これに頑丈な鉄製のものをしばしば用いる一方で、柔軟性と軽快性を最優先とした靴では、これを挿入しない場合も見られます。

20 ライニング

アッパーの補強や足への触感を向上させる目的で、その裏面に付けられる裏地のことです。素材は綿布や牛革が一般的で、靴の用途や性格に応じて馬革・豚革・山羊革なども用いられる場合があり、現在では機能性に優れた合成皮革や合成繊維も盛んに使われています。足が直《じか》に接する部分だけに、耐久性のみならずアッパー以上の柔らかさと通気性が求められ、それゆえこれに等間隔で小穴を多数開ける意匠も時折見られます。靴全体の柔軟性を優先する場合は、これを全く付けないか（「アンラインド仕様」と称します）、クウォーター部の裏にしか付けません。

21 月型芯

「ヒールカウンター」とも単に「カウンター」とも呼ばれる、踵部でアッパーとライニングの間に挿入する芯材のことです。足の踵を固定させるとともに、外部の衝撃からそこを守り、ヒールカーブの形状を維持・補強する役割を果たします。使用素材は先芯とほぼ同じく牛革やレザーボード、パルプボード、樹脂などで、アンラインド仕様のスリッポンではこれを省略するケースも多いです。靴メーカーの設計思想にもよりますが、踵部だけでなく土踏まず部を安定させるいわばアーチサポート的な目的で、外踝側より内踝側をはるかに長くしたものも増えています。

22 インソール

「中底」とも呼ばれ、足を直接下支えする重要なパーツです。複雑で時時刻刻変化の激しい足裏の形状になじむべく、柔軟性と耐久性との両立が不可欠で、抗菌性や通気性も高度に求められます。世界的には牛革製が王道ですが、欧米に比べ気候が多湿で靴の脱ぎ履きも頻繁な我が国では、通気性・耐摩耗性により優れ、原皮を自給できる豚革製も一般的です。他にはレザーボードやパルプボード、合成繊維系のものも多く用いられます。なお、詳細は7章でお話ししますが、靴によってはこれを付けなかったりライニングと同素材とする製法も見られます。

23 アーチサポート

人間の直立歩行を可能にする「アーチ」を維持すべく、靴のインソール上部もしくは中敷下部で、足の土踏まず部や中足骨部の下付近に取り付けるパッド状のものを指します。以前はコルク製が主流でしたが、近年では樹脂やスポンジでできたものが広く用いられ、土踏まず部に関しては月型芯の内踝側の端を伸ばすことで同等の効果を狙ったものも見受けられます。必ずしもすべての靴に付属しているものではなく、後付けの市販品も非常に多く出回っていますが、使い方を誤ると逆に足に不都合をもたらす危険もあり、装着には専門家の知識が不可欠です。

24 中敷

インソールの上に張り付けられるシートのことで、ヒールリフトを繋げる釘やアーチサポートのような表面に露出する凹凸から足裏を保護し、違和感をなくすのが本来の役割です。踵側後ろ半分に敷かれるのが一般的ですが、その全面を覆うものも珍しくありません。革製の薄くてシンプルなものが伝統的である一方、近年ではコルクやウレタンで立体成型された「フットベッド」形式のものも増えています。後付け専用の市販品も豊富で、靴のサイズの微調整役を果たすだけでなく、クッション性や耐寒性、それに防臭性の強化を図れるものも多く見られます。

25 中物

アウトソールとインソールの間にできる隙間を埋め、同時にクッションの役割も果たす詰め物をこう呼びます。素材は軽くて柔軟性・衝撃吸収性に富んでいることが絶対条件で、それと同時に長年踏まれてもヘタらない耐久性も求められます。既製靴では主にコルクボードや練りコルクが用いられ、樹脂スポンジが使われるものも最近では非常に増加しています。一方、誂え靴クラスになると、もっぱら革やウールフェルトなどが使われるケースが主流です。なお、靴の製法によってはこれが付かないものや、ミッドソールで代用されているものも存在します。

26 シャンク

土踏まず部でアウトソールとインソールの間に入る細長い芯のことで、小さな部品でありながら「靴の背骨」ともいえる大事な存在です。足の縦・横のアーチを支え、体重による負荷でインソールやアウトソールを必要以上に歪《ゆが》ませなくするのが役割です。そのため適度な弾性が求められ、伝統的には木や革を薄くへら状にしたものが使われ、20世紀以降は鉄製のものが盛んに用いられてきました。ただ最近では、軽量化のさらなる追求と航空機搭乗時に金属探知機を作動させないのを目的に、プラスチック製のものも非常に多く用いられています。

27 ミッドソール

靴の用途や製法によりインソールとアウトソールの間に入れる場合がある、もう一枚のソールです。これを入れると靴が重くなり、足の返りも悪くなりますが、底部全体の頑丈さは格段に上がります。素材はアウトソールと同様の牛革や、パルプボード、レザーボードそれに発泡スポンジなどを用い、ドレスシューズでは通常アウトソールより幾分薄くします。なお、これを全く付けない仕様を「シングルソール」、底面全体に付けたものを「ダブルソール」、土踏まず部より前だけに付けたものを「ハーフミッドソール」（俗称ではスペードソール）と呼びます。

28 アウトソール

「外底」「本底」とも称するズバリ、靴が地面に直に接する部分であり、耐熱性・耐水性・耐圧性・耐摩耗性等、「耐」の字がオンパレードになる靴の中では最もタフな性能を求められるパーツです。安定した歩行を支える柔軟性や適度な弾力性、それに通気性も不可欠な要素です。代表的な素材は昔も今も牛革ですが、合成ゴムやスポンジ、ウレタンの類を用いたものも、「雨の日用」「雪の日用」のように機能特化したものを中心に進化が著しいです。ここが摩耗した後に少なくとも一度は総交換できるか否かが、長持ちする靴を見分ける目安の一つになります。

29 トップピース

「トップリフト」とも呼ばれる靴の踵部の地面に接する部分で、直立歩行時にすべての体重がかかる足の踵部を支え、ふらつきや滑りを防ぐ役割を果たします。靴の中で最も消耗の激しいパーツであるがゆえ、交換することを大前提としており、以前は牛革のみでできたものが一般的でした。道路環境が変化した今日では、牛革と合成ゴムや鉄を組み合わせたものや、合成ゴムやスポンジ、ウレタンの類のみでできたものが主流で、後者の場合、ミッドソールとヒールリフトとを同一素材で一体化させることを通じて、アウトソールと合体したものも増えています。

30 ヒールリフト

踵部にかかる体重を足底に平均的に分散させると同時に、その高さを調節することで足を蹴り出す力を地面により早く伝え歩行を補助する目的も有した、一種の積み上げ壇です。牛革やレザーボード、合成ゴムなどを数層重ね、紳士靴の場合は踵部全体で20～30ミリの高さにするのが一般的で、この高さや重ねる形状に時々の流行が何げなく垣間見えるのは、実は婦人靴と同じです。トップピースとの接続にはかつては釘が多用されていましたが、接着技術の進歩と滑り防止の観点から、近年では著名なメーカーのものでも圧着で対応するケースが増えています。

第1部 健康に履きこなしたい人のために

3. 弁慶でなくても、「泣き所」は大抵ある！

この章では、靴を選ぶ際に気をつけてほしい「足のクセや障害」について探っていきます。良い靴を選ぶ際の最重視すべき条件は、ブランドや価格、デザインや製法以上に「自分の足に合っていること」に尽きます。自らの足の特徴を深く知ることは、靴を快適に履くことへの文字通り第一歩です。ただ、現実にはそれを認識せず、あるいは誤解して靴を選んでしまったがゆえに、かえって足にトラブルを抱えてしまう方が非常に多いのです。世代や生活環境の違いで大きく変化してしまう領域でもありますので、自分の足に当てはまるものがないかどうか、くれぐれも注意深くお読みいただければと思います。

3-1 左右で異なる場合も多い、足の大きさ

「同じサイズの靴を履いているのに、履き心地が左右でちょっと違う」とお感じの方、それは決してあなただけではありません。ただ、その原因は結構根の深いものがあります。

足の大きさの左右差

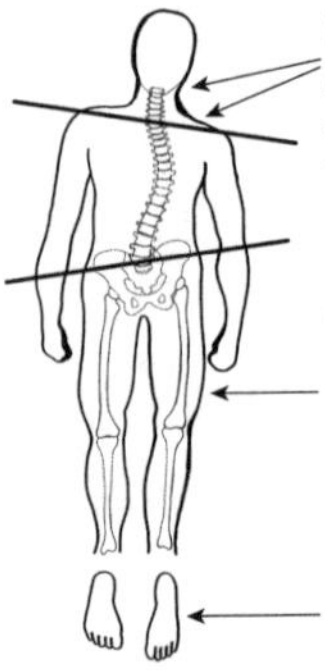

肩・首は足長の長いほうに傾く
脚長に左右差が出る
足長に左右差が出る

左右の足の大きさ、とりわけ足長が全く同じ人は意外と少数派で、むしろ微妙に異なるのが普通です。靴にしてハーフサイズ以上差がある人も、決して珍しくはありません。

原因の一つは、現在もしくは過去の習慣やスポーツでの動作や姿勢にある場合があります。例えばサッカーを長年やられている人は、ボールを蹴る「利き足」より踏ん張る「軸足」が、安定感を得るべく足長が自然と長くなるようです。

さらにその背景には、これらを通じて起こる「骨盤の歪み」があります。人間の骨格は緻密にできていて、足だけでなく脚部や脊柱、肩や首の位置や大きさを左右で変えることで、身体の中心部に位置する骨盤のズレをリカバーし、常に直立二足歩行が可能な状態に安定させようとするのです。

そのため、足長の差が激しい人は、身体の他の箇所の左右差も大きい傾向にあります。例えば左の足長が右より明らかに長い人は、左肩が下がり、首も左側に折れがちです。また、そのような方が座って足組みすると、長い左足を無意識に上にするのも同じ理由です。その上の大腿部・下腿部まで含めた脚部の長さにも、結果として左右差が生じているからです。

3-2 足と靴の爪先の形状と、足全体の形状

自らの足と靴との相性を考える時に、この二つを認識しておくと確かに好都合です。いずれも我が国では世代間の大きな変化が今、起こっている部分でもあります。

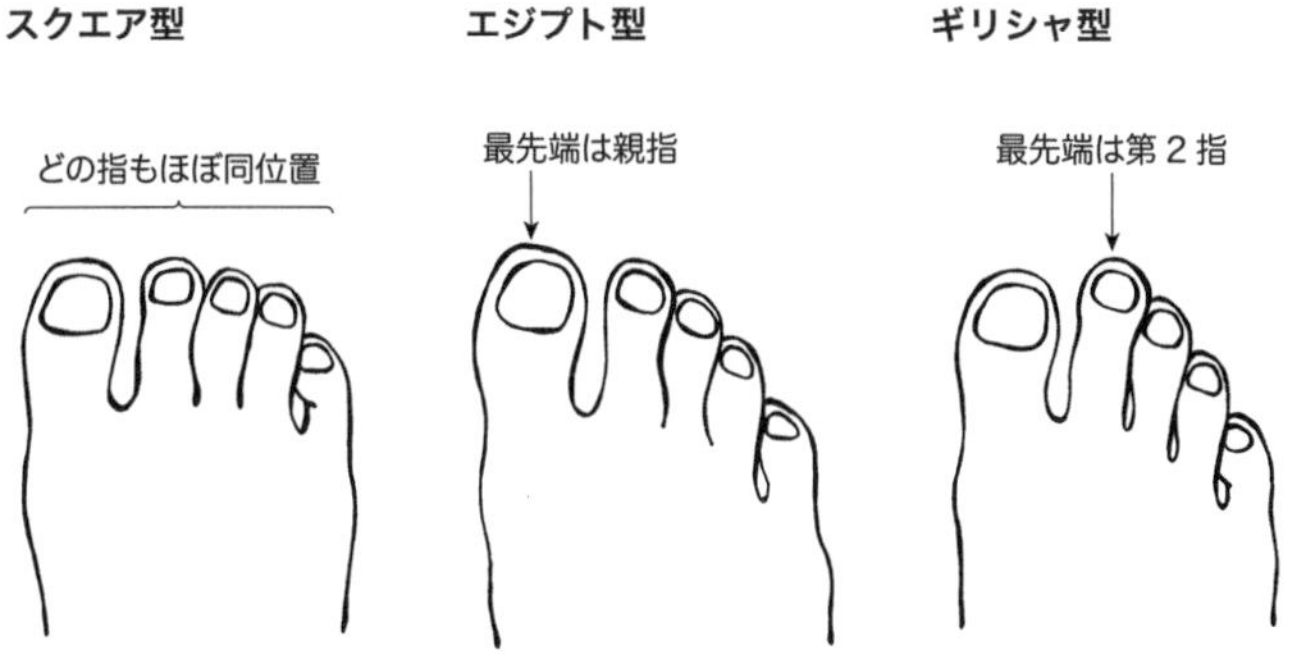

まず足の爪先の形状を見てみると、以下の3種類に大別できます。どうしてこのように呼ばれるのかは、ルーヴル美術館の彫刻に由来するなど諸説あります。

ギリシャ型：親指の前端よりも、第2指のそれが前に来る形状です。

エジプト型：親指の前端のほうが、第2指のそれより前に来る形状です。

スクエア型：親指の前端と、他の指のそれとがほぼ同位置となる形状です。

かつては日本人の約3／4は「エジプト型」と言われていました。平安時代から草鞋《わらじ》を履き始めた日本人は、鼻緒を挟んで履くことで親指の筋肉が自然に発達し、そのおかげで時代を経てゆっくりと「エジプト型」が多くなったのかもしれません。しかし、靴の使

アーモンドトウ

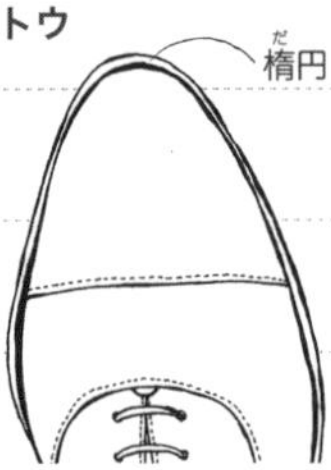

ラウンドトウ

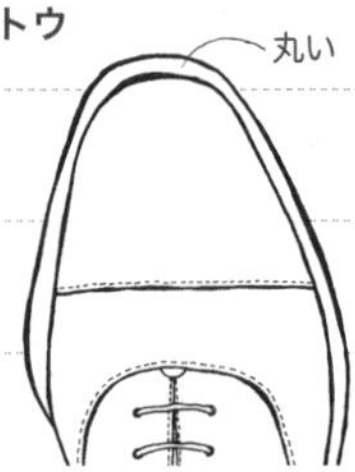

セミスクエアトウ

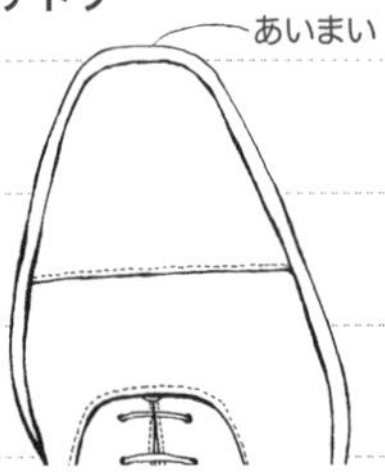

スクエアトウ

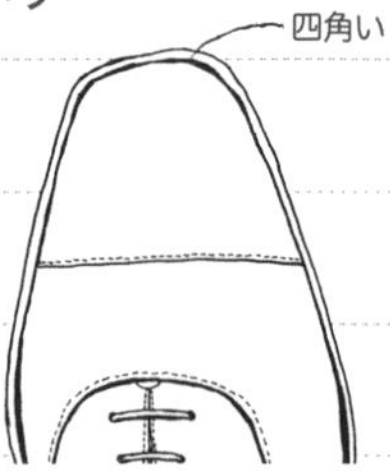

チゼルトウ

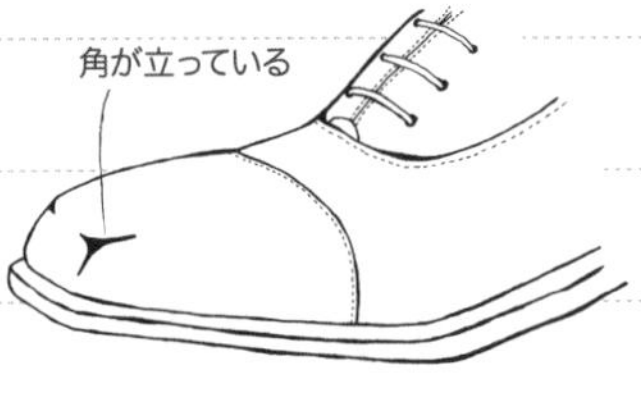

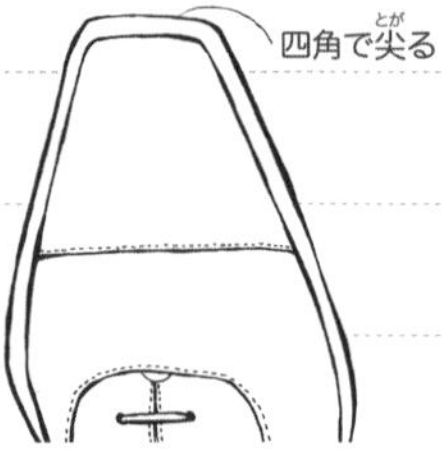

オブリークトウ

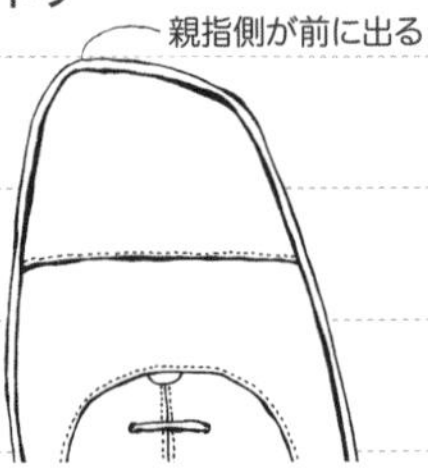

ポインテッドトウ

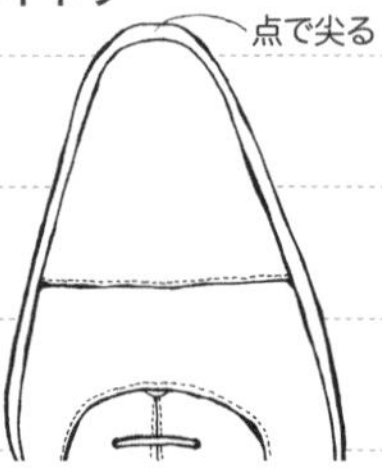

用が日常的となりすでに半世紀たった現在、「ギリシャ型」の勢力が急激に増しており、若い世代では「エジプト型」と拮抗《きっこう》するまでになっているようです。

次に靴の爪先の形状、すなわちトウシェイプの種類について見てみましょう。大まかには以下のように分類可能です。

■ラウンドトウ

一言で言えば丸みを帯びた爪先ですが、丸みが緩くコロコロのものからややシャープなものまで、バリエーションは様々です。丸みが緩いものほどカジュアルな印象は増します。

■アーモンドトウ

「オーヴァルトウ」とも称し、ラウンドトウのうち楕《だ》円的な要素が強いものを特にこう呼びます。英・米の靴メーカーが伝統的に得意で、長年の定番となったものも多数あります。

■スクエアトウ

角ばった爪先の総称です。ラウンドトウに見間違えるほど緩やかな形状のものから、明らかに四角いものまでこちらも形状は様々で、勇壮な雰囲気を演出します。

■セミスクエアトウ

スクエアトウのうち、やや丸みを帯びたものを特にこう呼びます。足の爪先の形状や合わせる服を選ばないせいか、こちらも長年の定番となるものが多いです。

■チゼルトウ

靴を横から見た時に、先端がちょうどノミ（chisel）の先刃のごとく靴底にスーッと落ちて行く爪先です。スクエアトウと組み合わされる場合が多く、近年おなじみになりました。

■ポインテッドトウ

細く尖《とが》った爪先で、アーモンドトウやスクエアトウと組み合わされます。先端の窮屈感をなくすべく、捨て寸を多く取るいわゆる「ロングノーズ」仕様とするのが近年の主流です。

■オブリークトウ

実際の足の形状に忠実にすべく、親指に先端を取り、小指側に斜め（oblique）に歪ませた爪先です。健康靴の定番ですが、近年はドレスシューズにも巧みに取り入れられています。

さて、ご想像できるかと思いますが、それぞれの足の形状とトウシェイプとの間には、相性の良し悪しが一応、存在します。

ギリシャ型：○ラウンドトウ
　　　　　×オブリークトウ
エジプト型：○オブリークトウ

×ラウンドトウ
スクエア型：〇スクエアトウ
×ポインテッドトウ

ただし、これが必ずしも唯一絶対であるとは限りません。4章でご紹介するフィッティングが高次元になされていれば、相性の良くないとされるトウシェイプを持つ靴でも快適に履ける場合も、非常に多く存在します。また、爪先の長さ方向の空間＝「捨て寸」を、従来よりも多く取る「ロングノーズ」と呼ばれる仕様の靴が市民権を得たおかげで、現在では結果的にこの種の制約が若干少なくなったとも申せます。ですから、この良し悪しはあくまで参考としてお考えください。

1章でお話しした足長と足囲のバランスについても、近年の日本人では以前に比べ相当な変化が生じてきているようです。以前は足長と「一の甲」の足囲の数値が同じ、もしくは後者のほうが大きく、かつ「ヒールガース」の足囲が小さい＝踵の小さい「逆三角形型の足」が日本人の主流でした。「下駄足」とも称されるこの種の甲高幅広な足は、実は身体機能的には大変バランスの良いものです。

しかし、靴の一般化やその他諸々の環境変化に伴い、歩行に際して足の特に指の筋肉をあまり用いなくなったせいか、足長が「一の甲」の足囲よりも明らかに長い「長方形型の足」の持ち主が、若い世代には非常に増加しているのです。甲薄幅狭なので一見スマートですが、筋肉がついていない分老化が早く起こる可能性も十分あり得るので、意識して足を動かしたり、靴選びを慎重に行うに越したことはありませんよ！

3-3　靴選びの際注意したい、足の障害

靴が原因であることが多いのが皮肉ですが、体重を下支えする足のトラブルゆえ、全身の不調にも繋がりやすいものばかりです。気になる場合は迷わず専門医に診てもらいましょう。用語については１章もご参照ください。

足の断面・開帳足　　　　足の断面・正常

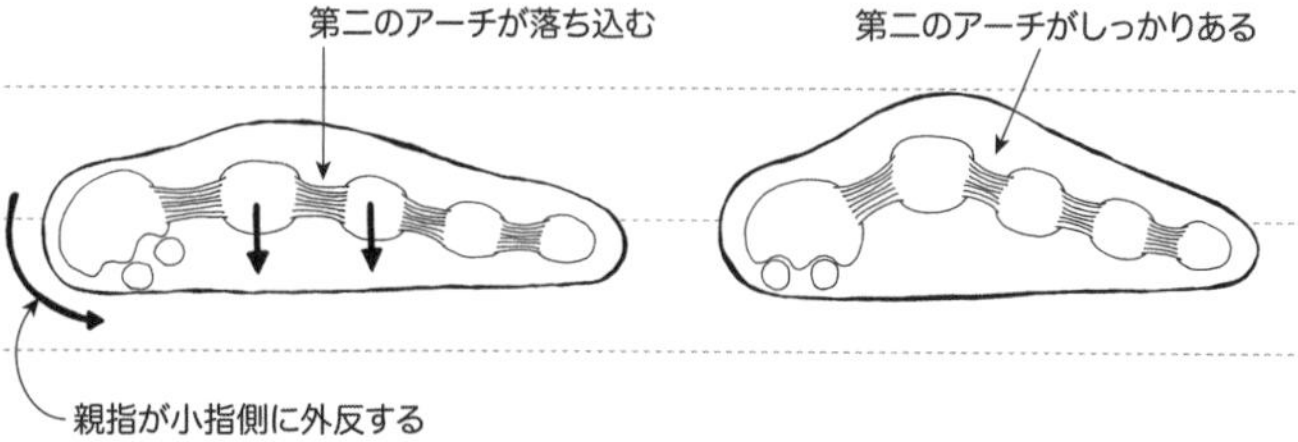
第二のアーチが落ち込む
親指が小指側に外反する
第二のアーチがしっかりある

開帳足

各指の付け根＝中足骨にかかる第二のアーチ（横のアーチ）を支える足底筋や靭帯が緩み、もみじの葉のように各指の間がベタッと開き切ってしまう症状です。先天性の場合もありますが、多くは後天性で、その主要な原因には、運動不足などによる足の筋力低下や、爪先部の狭過ぎる靴や逆に足幅・足囲の広過ぎる靴を無理して履き続けたことなどが挙げられます。

趾節骨と中足骨との付け根が「支点」の役割を果たせず、歩行時に第2指・中指・薬指では地面を掴みにくくなるので、踏ん張りが利かず躓《つまず》きやすくなるだけでなく、疲労も溜まりやすくなります。さらに、第二のアーチが落ち込み指の付け根全部が地面に着いてしまうがゆえに、タコやウオノメが生じやすくなり、汗もかきや

すくなるので水虫の原因にもなり得ます。外反母趾やハンマートウ、それにモルトン病の遠因となるケースも多いので、十分な注意が必要な症状と言えます。

なお、幅広だと信じ込まれている足が、骨格と肉付きによるものではなく、実は開帳足になったためにそう見えるだけという事例が、近年相当増えているようです。そのような状況の柔らかい足で、各指の付け根の周囲を手で握ると足囲が現状よりも4~5センチ以上絞れて小さくなる開帳足を、「こんにゃく足」と俗称し、特に若い世代に多く見られます。絞れる分だけ第二のアーチが緩んでいる証拠であり、生活習慣の変化や交通手段の発達で、以前の世代に比べ足を使わなくても済んでいる代償と言える症状かもしれません。

治療方法としては、ストレッチやマッサージ、それに中足骨周辺をテーピングなどで締め付けることを通じ、広がった第二のアーチを矯正する方法もありますが、本来の足幅・足囲そして足の前ズレを防ぐべく踵周りが合っている靴を履くのが何よりも肝心です。いずれの部分がキツ過ぎても、ユル過ぎてもダメです。そしてそのような靴を用いて日頃から意識的に足を動かし、筋力を維持・向上させることももちろん大切です。

外反母趾

親指の付け根（第一中足骨）が足の内踝側に飛び出し、親指が小指側に曲がってしまう症状のうち、その角度が約15度以上になる場合をこう呼びます。先天性のケースやリウマチなどの病気、サッカーやマラソンなど足を用いた過酷な運動が原因となる場合もあるものの、我が国での主因は、足に合わない靴などで指が圧迫され続けて開帳足が深刻化し、親指の付け根に持続的な衝撃がかかり発症するケースのようです。

より具体的には、足に比べ靴の爪先が狭過ぎる靴を履き続けただけでなく、逆に大き過ぎる靴を履き続けても発症する場合もあり得ます。靴が脱げないよう指を上げて足を靴内に固定させたり、靴の中で足が前にズレたりするのを通じて、結果として指先が圧迫されるからです。この症状を引き起こしやすい靴として、しばしば女性のハイヒールが挙げられますが、靴下やストッキング、小・中学校の上履き、爪先の先芯を強固にせざるを得ない安全靴が原因で起きるケースもあるようです。

筋力の差やホルモンの分泌などが絡むのでしょうか、男性より女

足の骨・外反母趾

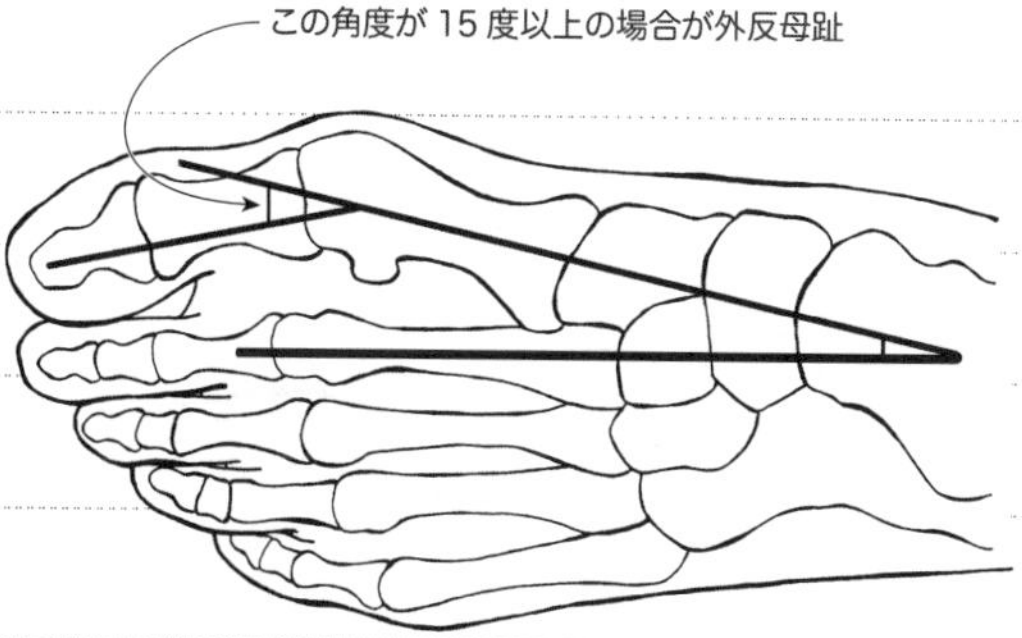

足の骨・正常

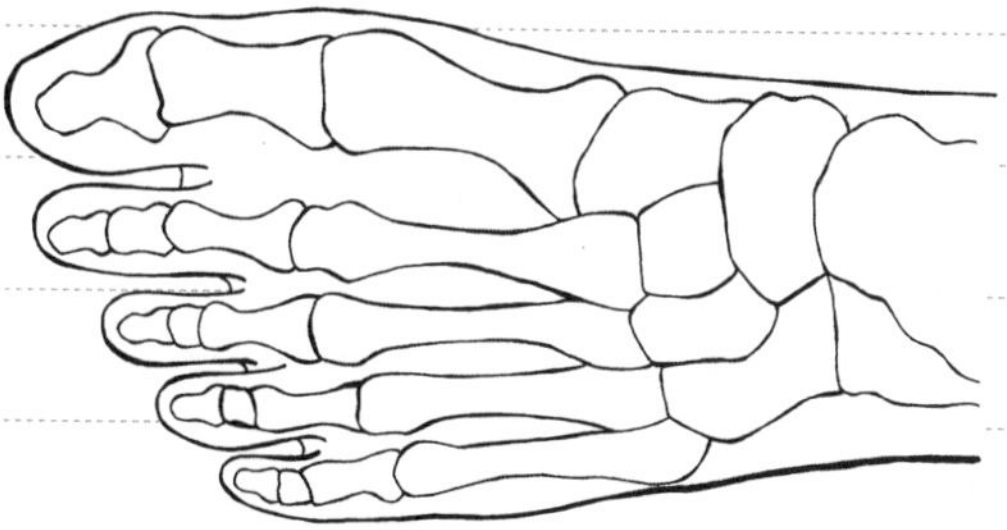

性に多く見られる症状です。内踝側に飛び出した部分が靴に当たって腫れて疼《うず》いたり（これを「バニオン」と呼びます）、重症になると、親指の変形や激しい痛みを伴い、歩行すら困難になるケースもあります。また、靴による開帳足が原因の際は、小指が親指側に同様に曲がる「内反小趾」もしばしば併発します。

　治療に際しては、靴による開帳足が原因の場合は、足に合った靴やインソールを用いたり、中足骨周辺をテーピングすることを通じて、改善を試みるケースが主流です。ただし重症ですと手術を要する場合もあります。この症状の人は、必要以上に足幅・足囲の広い靴や大きいサイズの靴を選びがちですが、これだと第二のアーチがさらに広がり症状がますます悪化するので、素人判断は禁物です。

ハンマートウ

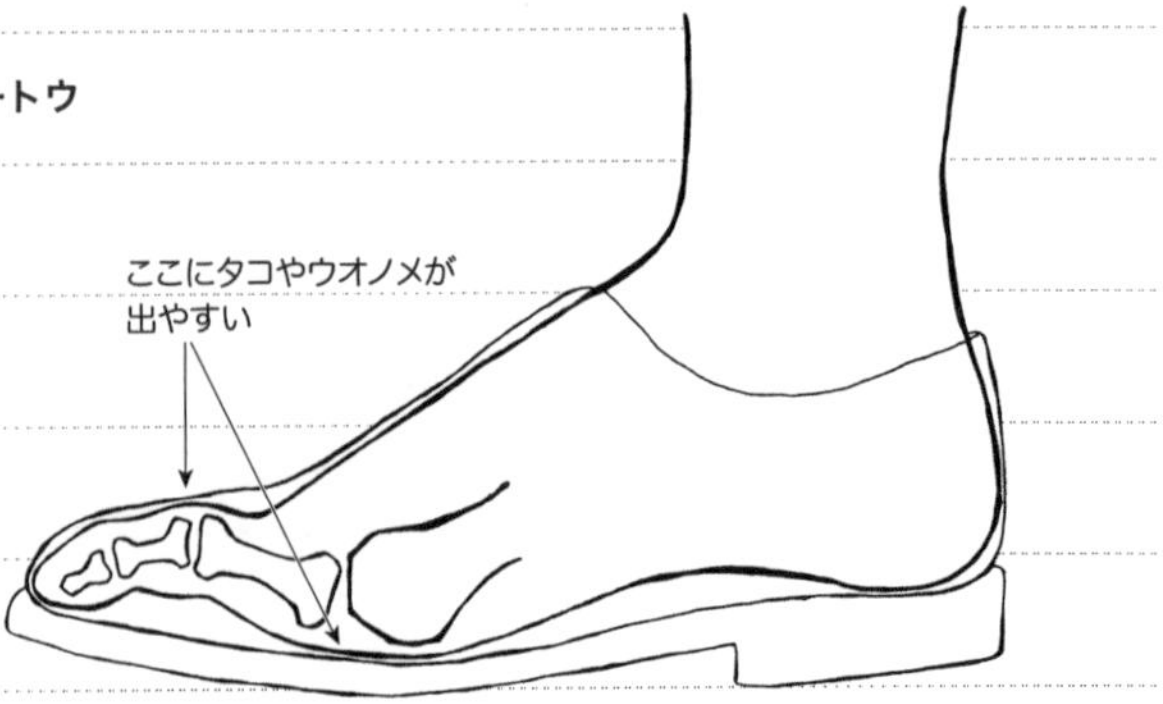

ハンマートウ

親指以外の指の形状が、靴を履かず何もしていない状態でも、ハンマーのようにくの字形に萎縮・変形してしまう症状です。こちらも先天性の場合があるものの、後天性では足に合わない靴が主要な原因となります。

足より明らかに足長の短い靴や、爪先が狭く低過ぎる靴を常用し、足の先を伸ばせない状況が続いた場合に発症する可能性が大です。逆に大き過ぎる靴でも、靴が脱げないよう歩く度に指をくの字形に曲げて靴の中で踏ん張り続けた結果、そのまま指が変形してしまうケースがあります。軽度なものは成長期の子供にしばしば見られますが、これも足の成長に靴が対応できていないがためです。

該当部の関節にタコやウオノメを併発する場合も多く見られ、指の付け根・甲・足裏それに踵の痛みも併発しがちです。重症の場合は関節が硬化し、痛みが激化するので要手術となります。改善には指の体操なども有効なようですが、原因となった靴を無理して履かない「勇気」が不可欠です。

モルトン病

病名はこの症状に対して初めて論文を書いた、オーストリアの医者の名から採られました。歩行時など足に体重をかけた際に、中指と薬指の間の付け根に焼けるような激痛が走る症状です。薬指と小指、もしくは第2指と中指の間の付け根に起こる場合もごく稀にあります。重症になると体重をかけなくても寝られないくらい激しい痛みが続いてしまいます。

足に合わない靴で足先に過剰な荷重がかかり開帳足となった結

モルトン病

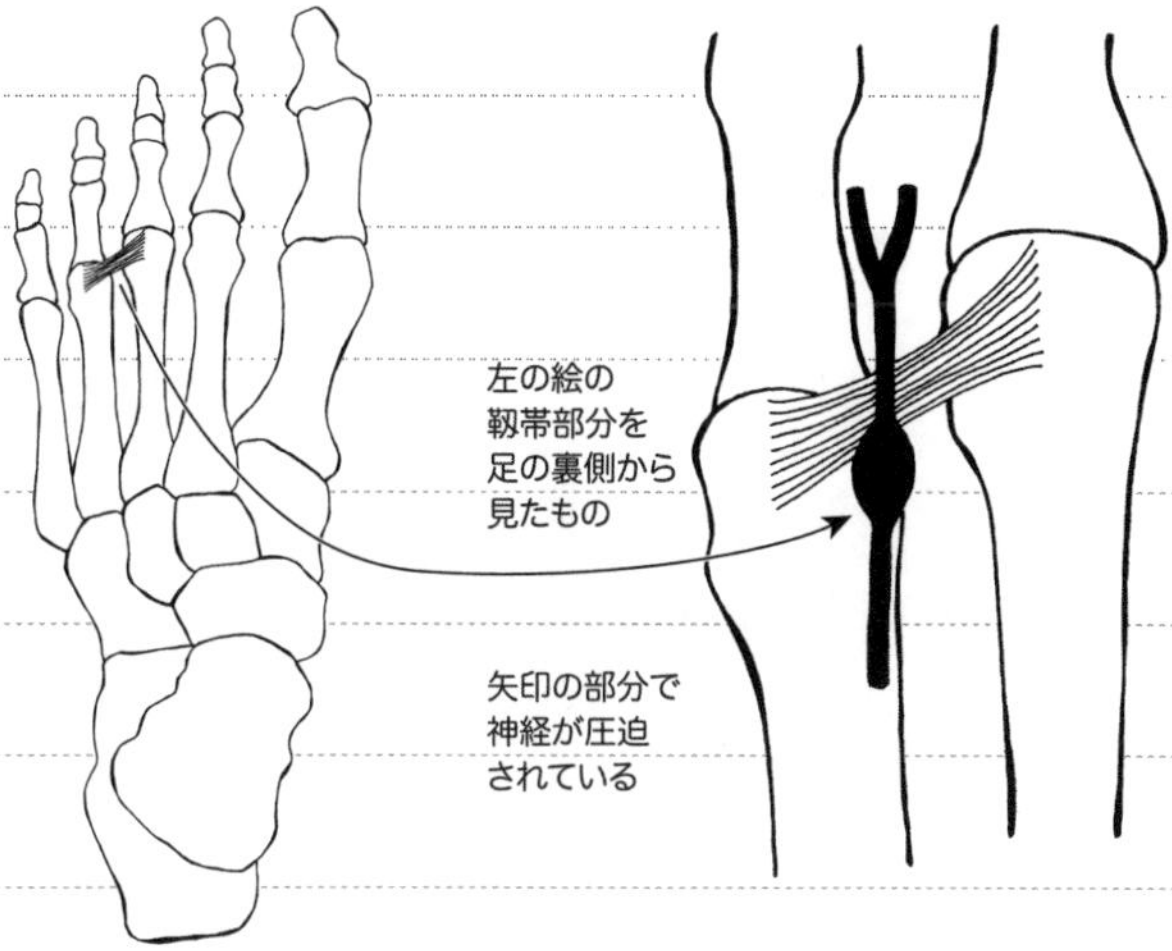
左の絵の
靭帯部分を
足の裏側から
見たもの
矢印の部分で
神経が圧迫
されている

果、緩んで陥没した靭帯が足の裏の神経を圧迫し、その結果神経が変形し腫れるために発症します。そこが神経腫となる場合もありますが、拡大したり転移したりするものではないので、その点はご安心を。なお、靴ではなく硬い床でのダンスのやり過ぎなどが原因で起こるケースもあるようです。

これも外反母趾と同様に、まず開帳足を改善する靴やインソールを用いて同時に治療するケースが主流ですが、状況によっては患部に薬剤を注射したり、手術で神経腫を取り除く場合もあります。

扁平足

親指の付け根から踵部にかかる、第一のアーチ（縦のアーチ＝土踏まず）を支える足底筋や靭帯が緩み、そこが地面に完全に着いている症状です。そこまでには及ばないものの、第一のアーチが通常より落ち込んでいる状態を「ローアーチ」と呼びます。

原因は、かつては先天性のもののみと誤解されていた時代もありましたが、実際には運動不足や加齢、外反母趾との併発など、様々な要因による後天的なものが圧倒的に主流で、長時間の立ち仕事や歩行の後で発症する疲労性の急性障害も存在します。第一のアーチがクッションの役割を果たせず、足全体に体重が直接かかってしまうので、足が疲れやすくなるだけでなく、それをかばう大腿部や下腿部にも悪影響が及び、腰痛なども併発しやすくなります。

機能的に問題のない場合は治療を要しませんが、痛みや歩行時の障害を感じる際には、足にテーピングを施したり靴に適切なインソールを挿入することで、舟状骨の位置を矯正し症状を改善させていきます。また、第一のアーチの頂点に付着する後脛骨筋を「爪先立ち」などの運動で鍛えるのも有効で、それが上方に引っ張られることで症状が回復するようです。

なお、第一のアーチに強靭な筋肉がガッチリついたおかげで、この症状と見間違えてしまうケースも、プロのアスリートを中心に間々見られます。

ハイアーチ

「凹足」とも呼ばれ、扁平足とは反対に第一のアーチを支える足底筋や靭帯が縮み、通常よりも高過ぎる症状です。こちらは遺伝の場合が多く、5～6歳で兆候が表れてくるようです。

アーチのしなやかさに欠けるがゆえ、爪先や踵にのみ無理な負担がかかり、そこにタコやウオノメを併発し、歩行時に足の裏がつるような痛みを感じます。扁平足と同様に脚部の痛みや腰痛なども起こりがちです。

関節の柔らかい若年期に発見できれば、運動で後脛骨筋を鍛えることを通じて矯正は可能です。また、インソールを工夫することで負荷を散らすのも有効な対処ですが、重症の場合は要手術です。

巻き爪・陥入《かんにゅう》爪

前者は爪が内側に向かいクルッと巻いて生えてしまう爪の症状で、後者は伸びてきた爪の端が指の皮膚を圧迫し喰い込んでしまう症状です。前者が後者に悪化してしまうケースも多いようです。

ともに原因は深爪や、爪先が狭過ぎる、もしくは広過ぎる靴を履いて生じる指部の極端な圧迫で、後者はその際に指の爪付近にでき

扁平足とハイアーチ

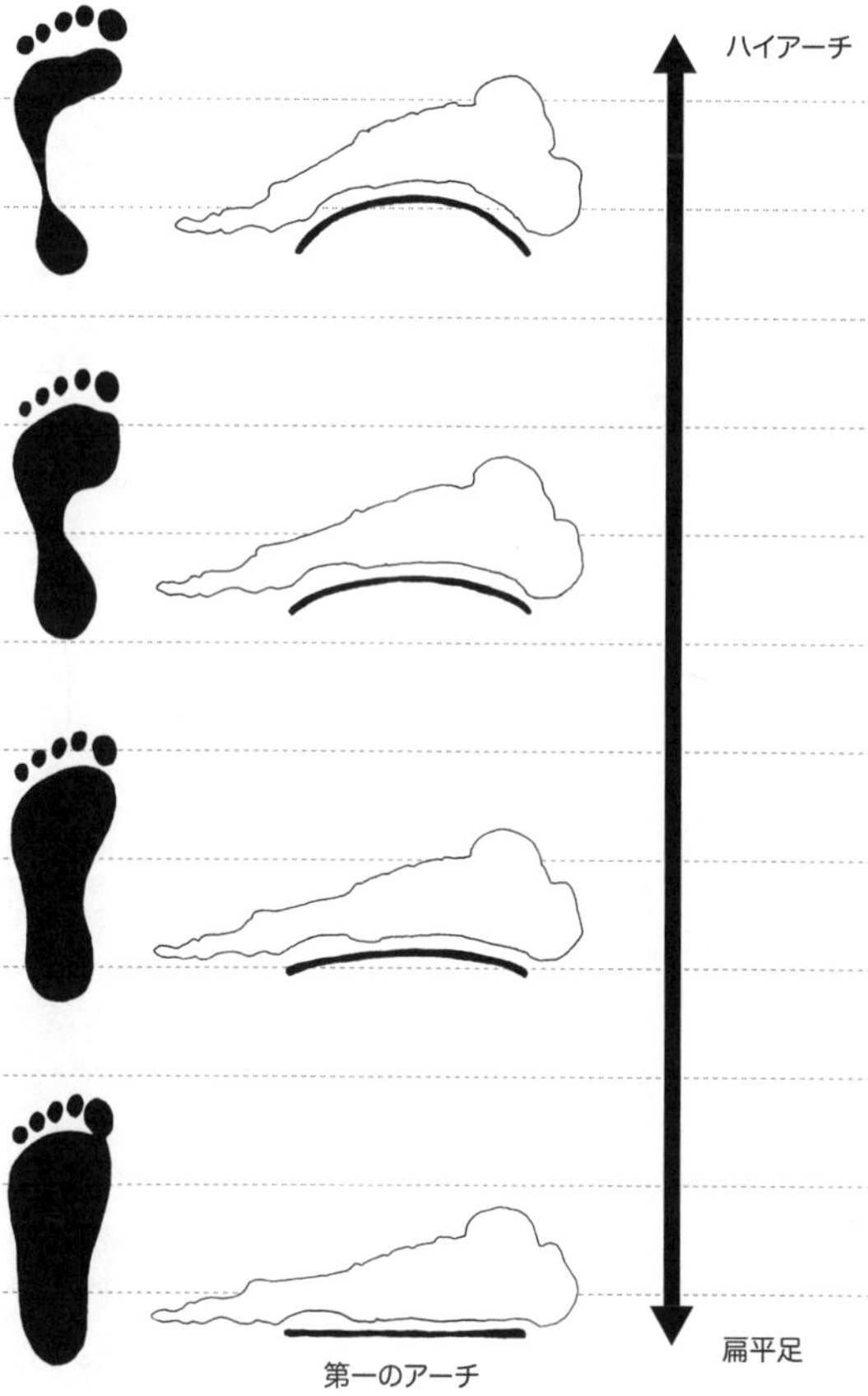

巻き爪・陥入爪の悪化

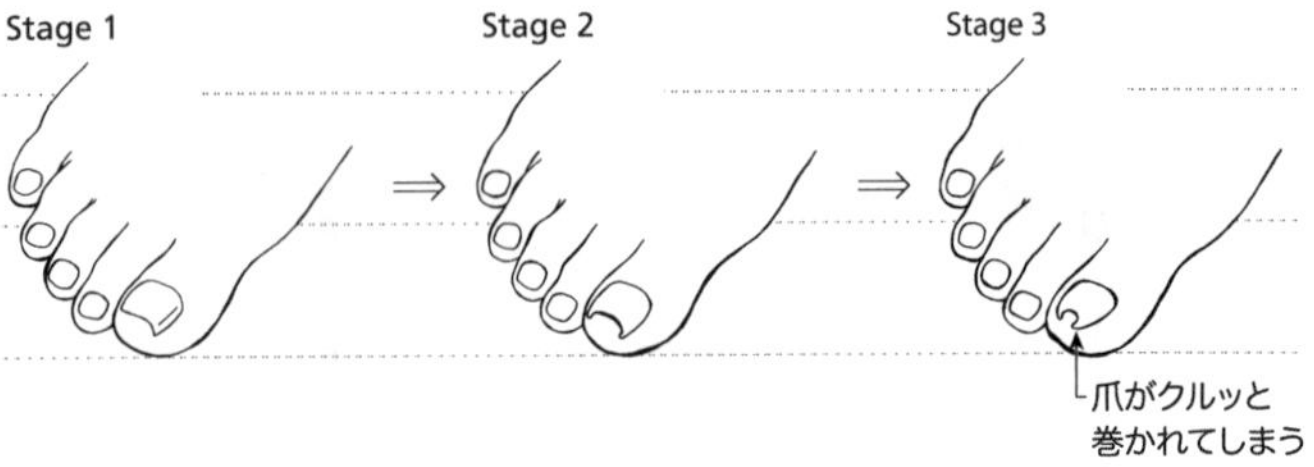
Stage 1
Stage 2
Stage 3
爪がクルッと
巻かれてしまう

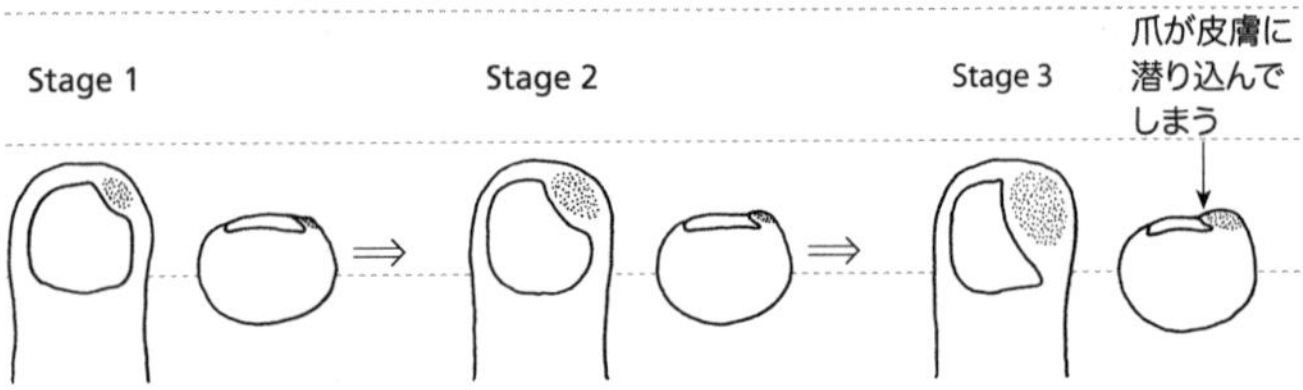
Stage 1
Stage 2
Stage 3
爪が皮膚に
潜り込んで
しまう

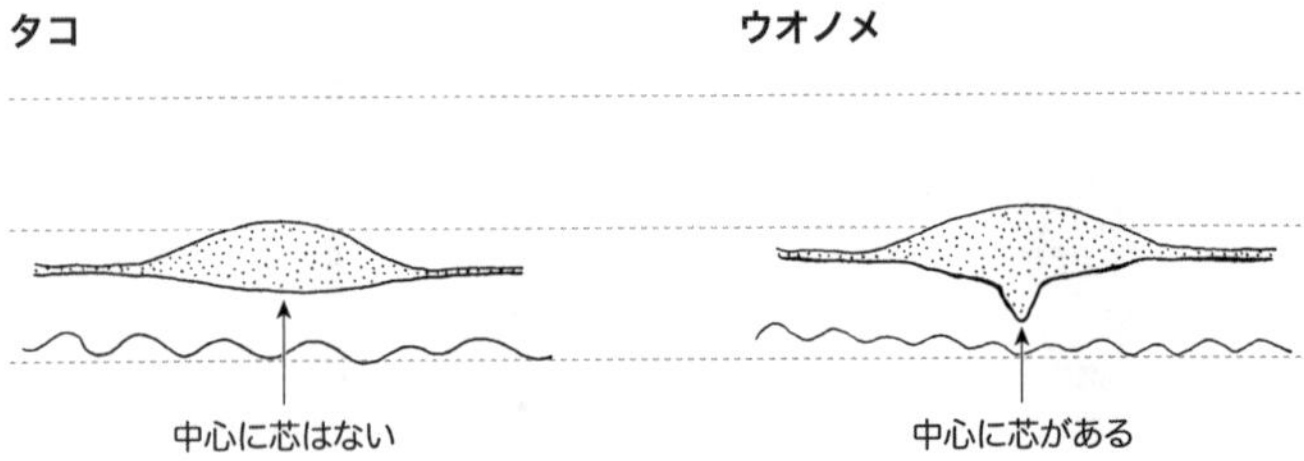
タコ
ウオノメ
中心に芯はない
中心に芯がある

てしまった傷を回復させるべく、指の腹部が腫れて生ずるものです。親指の場合は、外反母趾の二次症状として前者を生ずるケースも見られます。

痛みを緩和するために、つい深爪をしてこれ以上爪が喰い込むのを防ごうとしがちですが、絶対に禁物です。爪の下の組織が逆に盛り上がるので、かえって爪の端を下に押し込みその変形を加速させてしまい、炎症・激痛それに化膿を引き起こす悪循環に陥りかねないからです。よって治療は専門の医師に任せたほうが賢明で、状況によりワイヤーなどを用いた矯正を施す場合もあれば、手術を要するケースも出てきます。

タコ・ウオノメ

いずれも足の皮膚の一部に圧力が集中し、その角質が厚く硬化した症状です。前者は中心部に芯がないものを指し、後者はトゲ状の芯があるものを指します。

各指の側面や足の裏側など、靴を履いて摩擦や圧迫を受けやすい箇所に生じるケースがほとんどで、芯の部分に刺すような激痛を伴う場合もあります。

感染症に弱い糖尿病の人には絶対に禁物ですが、治療としてはヤスリや専用の絆創膏で削り取る方法が昔から一般的です。ただその性質上、足に関わる他の様々な症状と同時に表れがちなので、それらが改善されると同時に治癒してしまうことも多いです。

水虫

カビの一種である白癬菌が足の皮膚に寄生し、かゆみやひび割れが起きる症状です。足の裏や指にできる小水疱型、指と指の間にできる趾間型、踵部にできる角化型などがあります。

床やバスマットなどを通じて人から人に間接的に伝染するケースが主流です。ただし、足に合わない靴を履き続けることで、不要な蒸れが生じて起きてしまう場合もあります。

重症の場合は爪にも生ずるようになり、それが硬化・白濁し欠けてしまう場合もありますが、そうでなければ市販の水虫薬であっても、症状に応じて根気良く用いれば十分効くようです。通気性の良い靴を毎日履き替え、入浴時に足や指をよく洗うのが一番の予防法であるのは言うまでもありません。

O脚・X脚

両者とも爪先と踵とを揃えて直立した際に、大腿部・膝・下腿

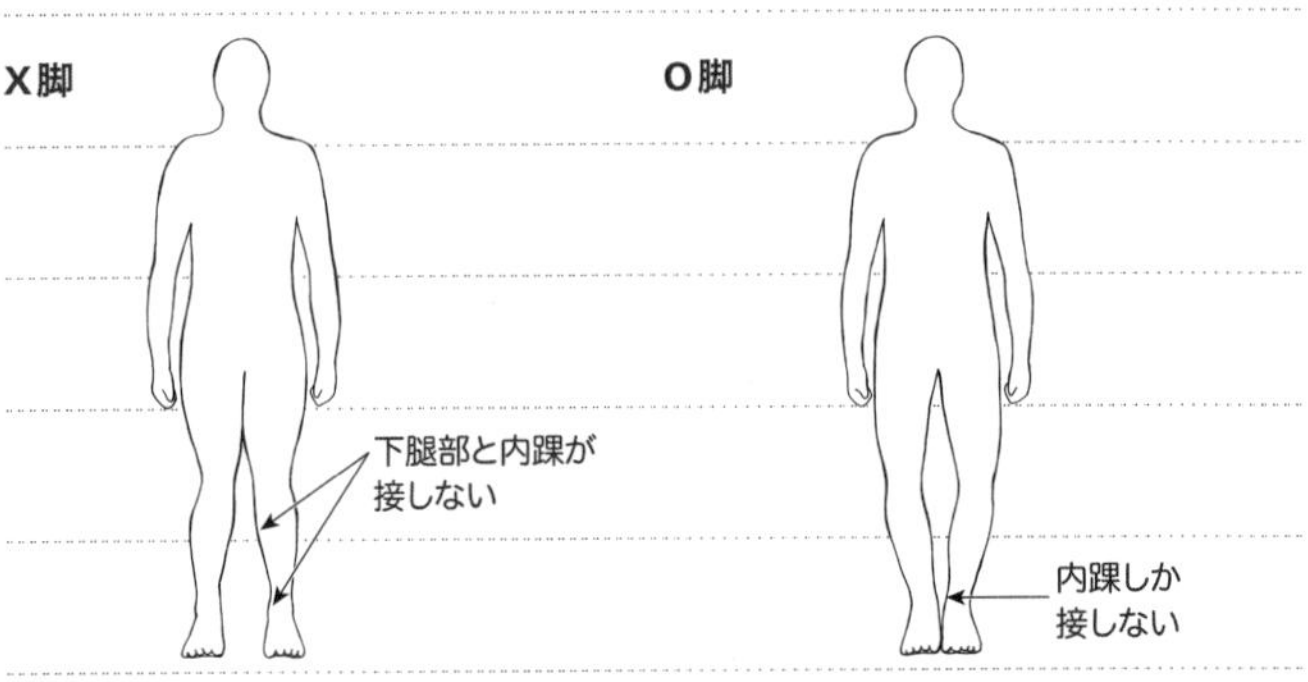

部・内踝の4点が正しく接しない症状です。正常な骨格の持ち主ならば、この状態で膝は正面を向き、4点すべてが接しますが、前者は膝が内反しているため内踝のみが接します。また後者は外反しているので下腿部と内踝が接しません。

人間は生まれた時はO脚で、成長とともに両者を繰り返し、本来なら6～7歳で通常の脚になりますが、どちらかになった場合は、歩き方・座り方（長時間の正座・横座り・脚を組む）や運動不足などが原因のようです。また、前者は足の第三のアーチの落ち込みが原因で生ずるケースもあります。いずれの場合も足首の関節に余計な負担がかかるため、足を挫《くじ》きやすくなるばかりでなく、放置すると捻挫や骨折、さらには腰痛や骨盤が歪んで変形性関節症となり歩行が困難になる恐れもあります。

靴でチェックすると、前者では靴底の外踝側、後者では内踝側が異常に磨り減るのがマーカーになります。軽症ならばインソールの工夫や歩き方で改善される場合もありますが、重症になる前にまずは専門医に相談するのをお勧めします。

第1部 健康に履きこなしたい人のために

4.「数字」を信じ過ぎるのは、大失敗のもと！

この章では、靴を選ぶ際の重要項目の一つであるサイズやフィッティングについて考えてみます。初めに各国別の靴のサイズ表記の特徴を説明し、同時にその注意点についてあらかじめ触れていきます。それを踏まえた上で、次に実際に靴を購入する際に準備したいことや、店頭でチェックしたい事柄を詳しく解説します。「なんとなく歩きづらいから……」と靴箱の肥やしと化してしまう靴をなくせるかどうかは、これらを認識できているか否かにかかっていると言っても過言ではありません。フィッティングの微調整に意外な効果を果たすシューレースの通し方についても、せっかくですので最後にチェックしておきましょう。

4-1 各国別に見る「靴のサイズ表記」

自分の足のサイズ以前に、靴のサイズの表記方法で混乱してしまったこと、ありませんか？　ここではその代表例をご紹介します。靴メーカーやブランドの国籍通りに、それを採用しているとは限らないので注意が必要ですが、まずは皆さんが今履いている靴からチェックしてみましょう。はたしてどこの国の表記になっていますか？

あなたの靴のサイズ表記は？

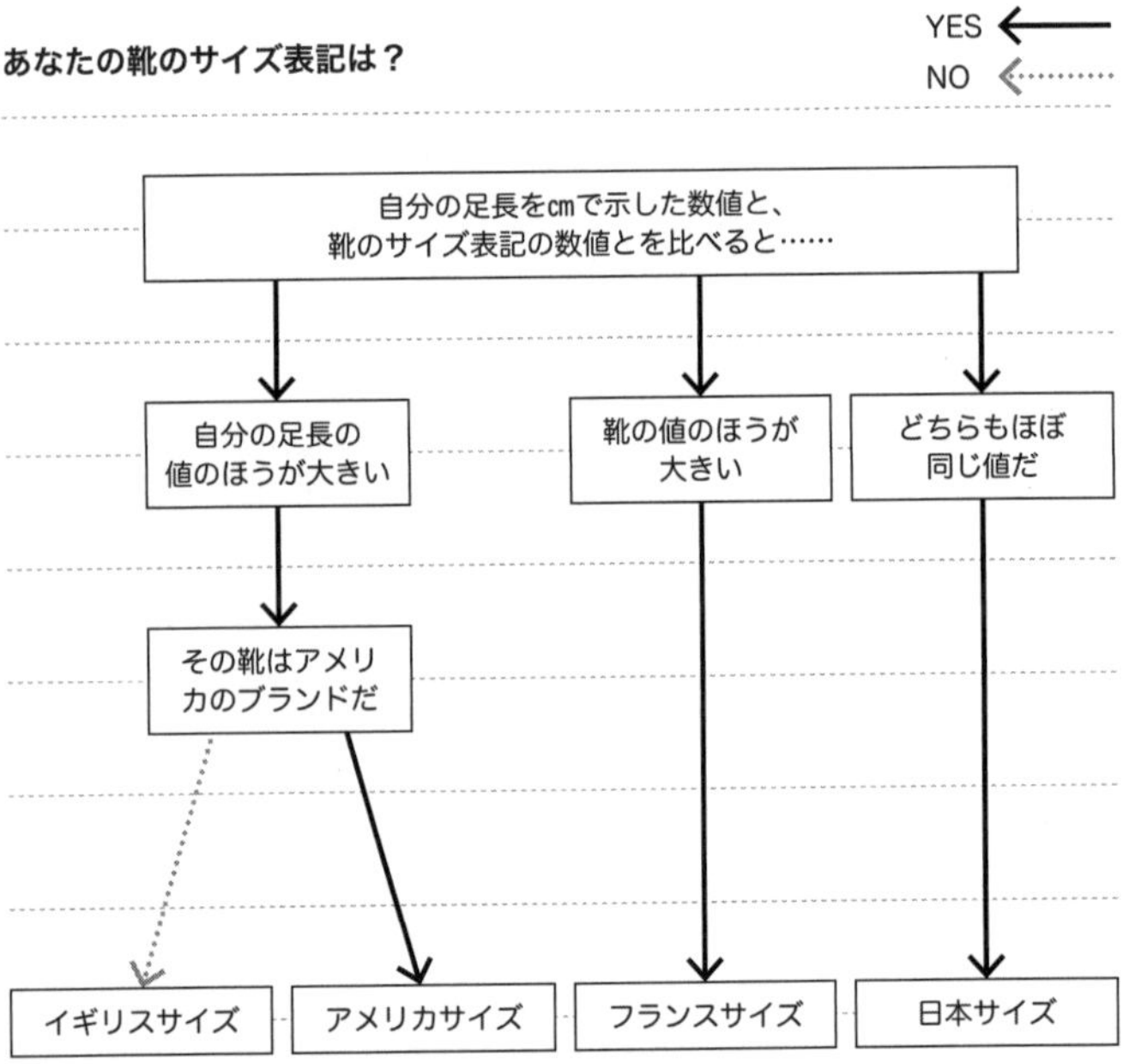

YES
NO
自分の足長をcmで示した数値と、
靴のサイズ表記の数値とを比べると……
自分の足長の値のほうが大きい
靴の値のほうが大きい
どちらもほぼ同じ値だ
その靴はアメリカのブランドだ
イギリスサイズ
アメリカサイズ
フランスサイズ
日本サイズ

なお、「アメリカで発売しているイタリアブランドの靴」には、アメリカサイズで表記されているものもあります。

王様が起源になった？イギリスサイズ

足の長さを測量の単位とする観念自体は、古代エジプトから脈々と受け継がれてきたものですが、それを今日的な「靴のサイズ」にも応用する発想の原点が生まれたのはイギリスです。14世紀の王・エドワード2世が、自身だか家臣だかの足、あるいは履いていた靴の長さを均質な大麦の粒を用いて測らせると、ちょうど36粒分あったので、それを「フート」(foot複数形がフィート)として単位化し、その12分の1をインチ(inch)と定義したのが始まりです。既製靴が主流となるにつれ、これを基にサイズの記載方法が以下のように整備・統一されました。

足長

①踵の一番後ろから4インチ（約101・6ミリ）爪先寄りの部分を起点「0」と定めます。

②そこから1／3インチ（約8・5ミリ）間隔で表記を1、2、3と進めます。この「0」の場所はちょうど、足首が始まる辺りでもあります。

③「14」の段階で、なぜか表記を一回「1」と読み替えます。

④それ以降は同様に1／3インチ間隔で表記を2、3、4…13、14、15…と読み替えず進めます。

⑤1／6インチ（約4・3ミリ）ごとに、ハーフサイズを設定します。

足囲

①足囲は数値の短いものから一定の間隔で、A、B、C、D、E、F、G、Hなどと表記します。同一足長が表記された靴の場合、その間隔は通常は1／4インチ（約6・4ミリ）ごとで

インチ (inch)	イギリスサイズ
	1
	2
1	3
(約2.5㎝)	4
	5
2	6
	7
	8
3	9
	10
	11
4	12 =0
(約10㎝)	1
	2
5	3
	4
	5
6	6
	7
	8
7	9
	10
	11
8	12
(約20㎝)	13
	14 =1
9	2
	3
	4
10	5
	6
	7
11	8
	9
	10
12	11
(約30㎝ =1foot)	

すが、実際は各靴メーカーで微妙に違います。

②イギリスの紳士靴では「E」を標準の足囲とするメーカーが多いです。ただし、一部には「F」を標準とするところもあります。

イギリスとは何かが違う? アメリカサイズ

足長の目盛りの設定方法や間隔は、原則イギリスサイズと同じです。ただしアメリカサイズは、起点「0」の位置がイギリスとはなぜか異なるので、同じサイズ表記であっても、イギリスの靴とは「靴の大きさ」自体は結果的に変化します。原器にわずかに寸法差があったからとか、基準となる「フート」「インチ」の長さ自体が英米では1950年代まで微妙に異なっていたからなど、その理由は諸説あります。全く同じ靴ならば、大抵の場合は「イギリスサイズ+0・5」でアメリカサイズになりますが、例外もたくさんあります。十分気をつけてください。

19世紀末のサイズ計測器

足長

①紳士靴の場合、起点「0」がイギリスより1/12インチ（約2・1ミリ）だけ踵寄り（後ろ寄り）に定められます。つまり、踵の一番後ろから3と11/12インチ（約99・5ミリ）爪先寄りの部分を起点「0」と定めます。

②そこから1/3インチ（約8・5ミリ）間隔で表記を1、2、3と進めます。

③「14」の段階で、なぜか表記を一回「1」と読み替えます。

④それ以降は同様に1/3インチ間隔で表記を2、3、4…13、14、15…と読み替えず進めます。

⑤1/6インチ（約4・3ミリ）ごとに、ハーフサイズを設定します。

足囲

①足囲は数値の短いものから一定間隔で、AAAA、AAA、AA、A、B、C、D、E、EE、EEE、EEEEなどと表記し

ます。同一足長が表記された靴の場合、その間隔はイギリスのものと同様に通常1／4インチ（約6・4ミリ）ごとですが、実際は各靴メーカーで微妙に違います。

②ただしアメリカの紳士靴では、「D」を標準の足囲とするメーカーが主流です。

③また、一部の靴メーカーでは足囲をN (Narrow)、M (Medium)、W (Wide) の3種類にまとめてしまっているところも存在します。

革命とともに広まったフランスサイズ

このサイズ表記は、ナポレオン統治時代の19世紀初めからヨーロッパ大陸に広まりました。当時のパリの靴職人の縫いのピッチが起源とも、当時パリで流行した刺繍のピッチが起源とも言われていますが、その当時浸透し始めた「メートル法」との関連も、どうやらありそうです。後述する2／3センチ（約6・7ミリ）なる単位を、それまでの主流単位だったインチに換算すると、割り切りの良い1／4インチ（約6・4ミリ）に比較的近似するからです。いずれにせよ、イギリスやアメリカの表記法に比べ構成が素直なのは歴然たる事実で、それも国を超えて広まった理由でしょう。

足長

①起点「0」は踵の一番後ろとし、そこから2／3センチ（約6・7ミリ）間隔で表記を1、2、3…と進めます。

②イギリスサイズやアメリカサイズのような「読み替え」は、全く行いません。

③1／3センチ（約3・4ミリ）

インチ (inch)	アメリカサイズ
	1
	2
1	3
(約2.5㎝)	4
	5
2	6
	7
	8
3	9
	10
	11
4	12 =0
(約10㎝)	1
	2
5	3
	4
	5
6	6
	7
	8
7	9
	10
	11
8	12
(約20㎝)	13
	14 =**1**
9	**2**
	3
	4
10	**5**
	6
	7
11	**8**
	9
	10
12	**11**
(約30㎝ =1foot)	**12**

センチ（cm）	フランスサイズ
20	30
	31
21	
	32
22	33
	34
23	
	35
24	36
	37
25	
	38
26	39
	40
27	
	41
28	42
	43
29	
	44
30	45

ごとに、ハーフサイズを設定します。これは当初設定されていなかったのですが、より正確を期するため後で追加になったもののようです。

足囲

「D」「EEE」などイギリスサイズやアメリカサイズのものをそのまま取り入れたり、Narrow、Medium、Wideなどの表記にしたりなど、正直バラバラです。各メーカーで独自の対応をしているのが実情です。

一番素直かもしれない、日本サイズ

日本の革靴のサイズ表記は、1950年代後半にそれまでの「文《もん》・分《ぶ》」基準から、メートル法基準へと変化し、1983年にようやくJIS規格、つまり国のお墨付きとなった実は大変新しいものです。後述しますが、このサイズ表記のベースになったのは、靴のサイズ表記を国際的に標準化・統一化しようと試みられていた1960年代から70年代にかけて、近年では品質管理規格でおなじみのISO（国際標準化機構）が規格化した「モンドポイント」と呼ばれるものです。歴史が新しい分、表記方法だけでなく計測方法もスッキリ整理された、大変わかりやすいものになっています。

足長

①起点「0」は踵の一番後ろとし、そこから1センチ（10ミリ）間隔で表記を1、2、3…と進めます。

②イギリスサイズやアメリカサイズのような読み替えは、全く行いません。

③0・5センチ（5ミリ）ごとに、ハーフサイズを設定します。

足囲

①同一足長が表記された靴の場合、足囲は数値の短いものから6ミリ間隔で、A、B、C、D、E、EE、EEE、EEEE、F、Gと表記します。

②靴メーカーにもよりますが、紳士靴では「EE」を標準の足囲とするところが多いです。ただし実際に足囲が「EE」相当の日本人男性は、もはや全体の1／4以下とも言われていて、標準を「E」に細めているメーカー・ブランドも出始めています。

表記はあくまで「目安」に過ぎません！

各国別のサイズ表記の仕組みは以上ですが、それだけでは最も肝心なことを話し忘れています。他の三つの表記と日本のそれとは、実は「何のサイズか？」が決定的に違うのです。

欧米は「木型」のサイズ

日本以外の三つの各サイズ表記は、いずれも靴を作る際に用いる「木型」が基準の「靴型サイズ」と呼ばれるもので、いわば靴を作る側から捉えた設定です。例えばアメリカサイズで足長が6ハーフとある靴の場合、それは単に「木型の大きさ」を示すだけであって、『6』より長く、『7』より短い」ことを表すのみです。

海外の靴では、同一ブランドの靴でもモデル次第でベストサイズが全く異なりがちなのは、これが理由です。またドレスシューズに比べスニーカーなどのスポーツシューズのほうが、実寸は同じなのにサイズ「表記」は明らかに大きくなりがちなのも、同じ理由からです。なお、間違われることが非常に多いのですが、これらのサイズには「インチ」とか「センチ」のような単位は付きません。

センチ（cm）	日本サイズ
1	1
2	2
3	3
4	4
5	5
6	6
7	7
8	8
9	9
10	10
11	11
12	12
13	13
14	14
15	15
16	16
17	17
18	18
19	19
20	20
21	21
22	22
23	**23**
24	**24**
25	**25**
26	**26**
27	**27**
28	**28**
29	**29**
30	**30**

日本は「足」のサイズ

一方、我が国のサイズ表記は、靴の中に入る「人間の足」が基準の「足入れサイズ」と呼ばれるもので、こちらは靴を履く側から捉えた設定です。例えば足長が25とある靴の場合、それは素直に「実際の足長が25センチくらいの人のための靴」という意味です。

日本の靴では、モデルや木型が違ってもベストサイズが集約する傾向が強いのはそのためです。なお、こちらにも「センチ」のような単位は付きません。

ただし、日本のサイズ表記はあくまで「踵から爪先までの足長」が基準なので、例えば靴のフィット感に重要な影響を及ぼす「土踏まず」の長さや位置までは考え切れていないのも事実です。そこが一般的な人より長い・短い方が自分の足長のみを頼りに靴を選ぶと、大抵の場合「サイズが合っていない……」と感じてしまうのは、それも理由の一つなのです。

実際に履いてチェックが肝心

逆に、木型が基準のイギリスやアメリカのサイズ表記は、複雑なカウントをする分、結果的に土踏まずの位置が比較的うまく反映できている感もあります。要はいずれのサイズ表記にも長所・短所双方があるのです。

前述したように1960〜70年代には、それを「モンドポイント」つまり我が国が採用したサイズ表記で国際的に統一しようとする動きもありました。しかしその短所ゆえに、また一元化は各国独自の長年の生活習慣を捨てることも意味するために抵抗も根強く、結果的にはほとんど進展せずに今日に至っています。

以上を踏まえて結論を出すと、快適な靴を選ぶには「サイズ表記」に縛られ過ぎず、やはり自分の足で履いて確認・判断するのが一番なのです。しばしば目にする「サイズ換算表」は、確かに役には立つものの参考程度に留め、信じ切らないほうが賢明でしょう。

また、21世紀に入って以降、靴メーカーやブランドの内外を問わず、同じサイズ表記ながら靴の全長が以前より長くなる傾向が出ています。爪先の長さ方向の空間＝「捨て寸」を従来よりも多く取る「ロングノーズ」と呼ばれる仕様の靴が増えた影響だと思われますが、それは今までより小さなサイズで「ちょうどいい！」と感じるケースが増えることを意味しますから、なおさら足と靴の「実物同士」での確認が大切なのです！

4-2　靴店に行く前に準備したいこと

完璧とは言わないまでも、少なくとも間違ったサイズの靴を買わないために、実は靴店に行く前にチェックできることがあるのです。ここではそれを三つ挙げてみます。

いつもツラくなる部分を知っておく

靴のサイズ選びで失敗しないための第一歩は、「左の足長が何ミリで……」のような具体的な数値を細かく知り尽くすことではありません。それはズバリ、「自分の足のクセを知る」ことで、より具体的に言えば、自分が今「一応大丈夫」だと思って履いている、あるいは履いてきた数々の靴で、「いつもここがツラくなるなぁ……」と感じる部分を覚えておくことから始まります。

「ちょうどいい」と思う感触は人それぞれだからこそ、その逆である「ツラくなる部分」を具体的に店側に伝えられれば、不快な靴を買わされる確率は大幅に減らせるのです。状況が許せば、今履いている靴の中で「一番合う」と感じている靴を靴店に履いて行くか持参して、「履いていて数時間たつと、ここが前後方向に痛くなる」とか、「それでもここが、踏み込み時に少し圧迫されるような気が……」とかを店側に説明し、その原因を探ってもらうことをお勧めします。丁寧な靴店でしたら、その靴の中をチェックしたり足の採寸を行うことを通じて、ツラくなる理由を把握した上で、より快適度が高い靴を選んでくれるはずです。

足の「むくむ」時間帯を知っておく

思いっきり酔っぱらった翌朝、いつもは全く問題なく履ける靴がキツく感じたり、飛行機の中で同じ姿勢で長時間我慢させられた後で、足がダルくなったりした経験、誰にでもあるでしょう。いずれも足がむくんでしまったために生じる違和感です。

根本的な原因は様々あるものの、「むくみ」は代謝不良により体の末端に水分や老廃物が溜まり血行が悪くなったために起こるものです。程度の差こそあれ、誰でも一日の中で足がむくみやすい＝足が一番大きくなる時間帯があるので、この時間帯に靴を買うのがもちろん最善となります。たとえそれが不可能であっても、最大どのくらいむくむかを認識した上で靴を選べば、「靴の中で足がパンパンに張って歩けない！」ようなトラブルは、相当な確率で避けることが可能になります。

人間は昼間は直立歩行して活動する一方、夜間は体全体を水平にして眠ります。それゆえ「体の一番下」にある足部のむくみは、重力の関係で足に水分や老廃物が溜まりがちな夕方に起こるのが一般的なようです。それが昔から「靴は夕方に買え」と言われるゆえんです。ところが困ったことに、これは必ずしもすべての人に当てはまるとは限らないのです。例えば早朝に足が冷たくなって目が覚めてしまう冷え性の方は、足が一番むくむのはその「朝」のはずですから、「自分自身の場合」を改めて客観的に確認しておきましょう。

どんな靴下を合わせるかも考える

靴を履く際には大抵の場合同時にはいている靴下は、単に長さや色柄だけでなく、素材や厚さそれに圧着度などの違いで種類は様々です。多くの方は季節や用途により、恐らく無意識に使い分けていると思いますが、実はこの「1枚の布」も靴のフィッティングに重要な影響を与えます。例えば、薄手の靴下では全く快適に履けた靴が、厚手の靴下に代えた途端に「少しキツ過ぎる……」に変化してしまうことも結構あるのです。

ですから、家を出る前の段階で買いたい靴のイメージが大方摑めているならば、それに合わせる靴下もはいて、あるいは持参して靴店に行くのがより望ましい状況となるわけです。良心的な靴店ならば試着用の靴下を大抵は用意しているので、それほど神経質になる必要もないですが、そうできれば後々の失敗は確実に防げます。慣れるとこれを逆手に取って、個々の靴下を活用して、靴の微妙なフィット感を調整することも可能になります。

4-3 実際に靴店でチェックしたいこと

靴店で確認すべきは、以下に挙げる5カ所です。単に足を靴に入れるだけでなく、礼儀として履きジワを極力入れないよう店内で慎重に歩いた上で、合否を判断してください。

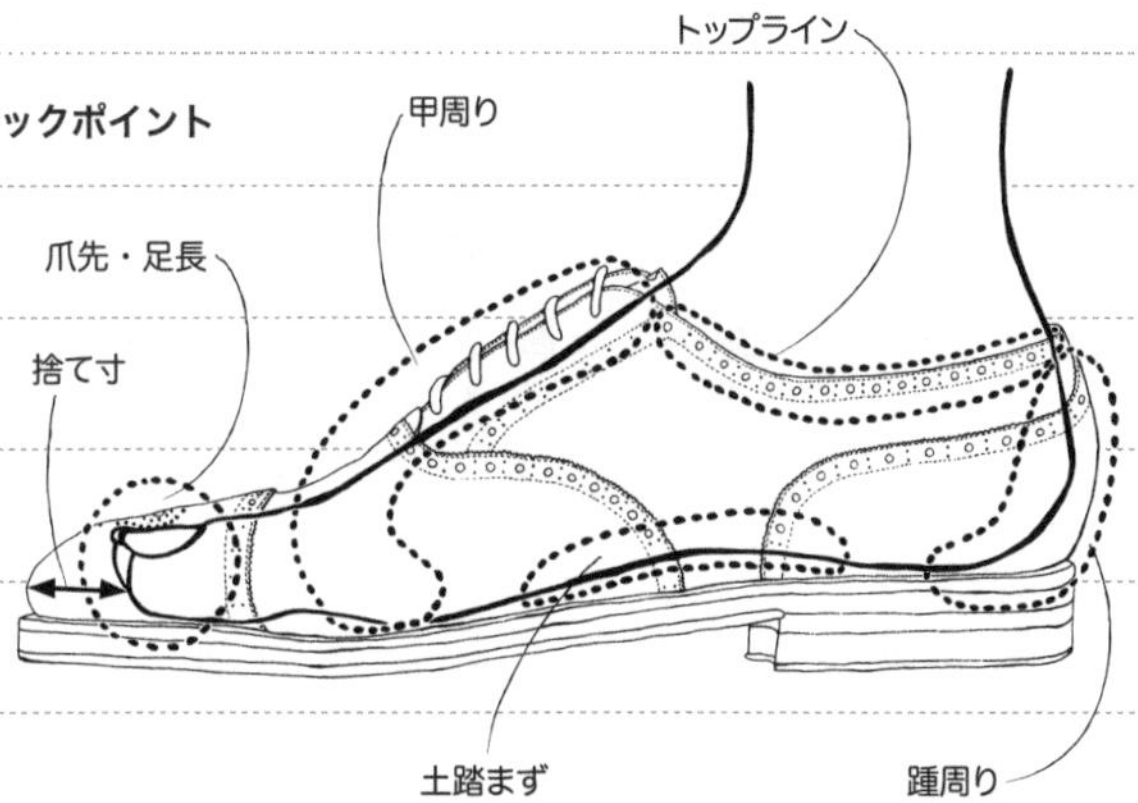

爪先

まず、自然に伸ばした指が靴の爪先に前後方向ではぶつからないことを確認してください。歩く際に靴の中で足はわずかに前後に動くので、ここには若干の余裕がないと、指の表面だけでなく爪や関節それに骨までも痛めかねないからです。この余裕代を「捨て寸」と言って、親指から約10～20ミリ確保するのが一般的ですが、昨今流行するロングノーズ仕様の靴では、もう少し長く確保していま す。

左右方向では、親指と小指が靴の側面から無理な圧迫を受けていないことも確認しましょう。靴の横方向から親指が強烈に圧迫されたり、小指が薬指の下に潜り込みそうになっている場合は、足に対して靴の爪先周りが窮屈になっている証拠です。逆に指が靴の中で左右方向にブラブラ動き過ぎてしまう場合は、そこに余裕があり過ぎる証拠。歩行時に指の動きが定まらなくなるので、これも決して良い状態とは言えません。

上下方向にも指、特に歩行時に一番上下方向に曲がる親指に対してわずかな余裕が必要です。これが足りなくてもあり過ぎても、指が上から圧迫され、爪の変形や関節部の上面にタコが発生する恐れがあります。形状を保持させるために靴の爪先に入る「先芯」の後端や、フルブローグのスタイルなどで爪先周辺に積み重ねている革の後端が、歩行で靴が曲がる際に足の指をグサッと直撃する場合もあるので、その位置の相性の良し悪しも、油断せず確認しておくのが得策でしょう。

■甲周り

靴のサイズ表記で、EとかMなどのアルファベットで示されるエリアです。まず、親指と小指双方の付け根で左右方向に一番出っ張っている部分、つまり靴の横幅で一番太くなる部分に注目です。ここを「ボールジョイント」と呼び、足と指の動きの「支点」となる部分ですので、ここの足と靴双方の位置が一致していなくてはいけません。仮に合っていないと、指が「まねき運動」を行えず歩くのが困難になります。

ボールジョイントのすぐ後ろが、全体的に緩くもキツくもなく、しっかりフィットすることも大切です。ここを日本語では「ころし」と呼び、靴のアッパーに足のこの部分が大きく張り出している場合は、この部分の靴の幅並びに周囲が足より小さ過ぎる証拠です。一方、爪先立ちで靴を曲げた際、アッパーに皺が横一文字に近い状態ではなく、不自然に錯綜してできる場合は、この部分が足に対し大き過ぎるサインです。血管や神経が多いこの部分が合わないと、歩きづらいばかりでなく血液の循環も悪くなり、身体の別の部分にも悪影響を及ぼしかねません。

紐靴を購入する場合は、羽根の閉じ具合もチェックしましょう。一般的には新品では靴紐を結びきった際、最も踵寄りの鳩目が左右方向で5～10ミリ程度開いているのが適当とされています。本来は靴紐を結ばなくても歩行に支障を来さないくらいのフィット感が求められる部分ですので、開き過ぎは靴に対し足の甲部が太過ぎ、閉じ過ぎは足に対し靴の甲部が太過ぎるサインです。

ところで、日本人の足は甲高幅広だと長年信じられてきたものの、生活環境の変化に伴い1960年代以降に生まれた人の甲周りは、実際には欧米人並みに低く・狭くなりつつあります。そしてその対応については、以前からその種の木型を当たり前に所有していた海外の靴メーカーのほうが、結果的に先行する形となりました。本当は日本のサイズ表記でも細身のシングルEやDのものがかなりの度合いで求められているにもかかわらず、「幅広＝履きやすい」なる短絡的な誤解に乗じて、我が国の靴ではEEE相当の足囲を持つものが逆にまだ幅を利かせているのが実情で、それを是正する動きが出て来たのはここ数年です。

「自分の足は甲高幅広だ」と信じそれに対応した幅広靴をお履きの方で、歩行中甲周りに不安定な余裕を感じ「足が靴の中で泳ぐ」経験を持つ方が、読者の皆さんの中にもいらっしゃるかと思います。そのような方の足は、親指と小指の付け根の間にある靭帯が伸びた「開帳足」状態のために、一見幅広ですが本当は幅狭である可能性があります。知識を持った靴店ならばそのあたりは見破れますし、それが把握できるかどうかが良い靴店か否かの大きな指標にもなりますので、試着の際に店側に確認してみることをお勧めします。

土踏まず

各国別のサイズ表記のところでも軽く触れましたが、土踏まずの長さ・幅それに位置は個人差が結構あり、同じ足長を持つ人でもここ次第で最適な靴の木型やサイズが全く変わる場合が十分あり得ます。ですから、靴と足双方の土踏まず部が一致していることを、まず必ず確認してください。

全体的に緩くもキツくもなく、インソールとアッパーでそっと支えられた上で足に軽く触れている程度が一般的にはベストです。要は足の土踏まずに靴のそれを自然に沿わせてあげるのが理想ではあるのですが、足のこの部分の起伏が通常よりも緩過ぎる、いわゆる「扁平足」の人向けには、状況次第では靴で起伏を無理矢理作ってあげたほうがよい場合もあります。靴のこの部分に「くびれ」を大胆に施したり、アーチサポート用のパッドを付加的に使うことで、そのような方の足に土踏まずを擬似的に形成させることを通じて、足の疲労を軽減させる効果が期待できるのです。

逆に、足のこの部分の起伏がキツ過ぎる「ハイアーチ」の方にも、その策が有効な場合もあります。要は身体を下支えする足のバネが強過ぎてしまい、歩行のバランスが狂い土踏まず部に痙攣を起こしがちになるため、それをしっかりサポートする必要があるのです。ただし、いずれの場合も素人判断は絶対に禁物ですよ!

トップライン

トップラインとは靴のアッパー上端の履き口のことで、ここに踝《くるぶし》が無理なく収まっていることをチェックしてください。踝は歩行時に「足」と「脚」との支点の役割を果たすので、ここが合っていない靴を履くと、靴の見掛けが悪くなるだけでなく、踝に激痛が走り、歩くどころではない事態も起こり得るのです。

履き心地を大いに左右するエリアであり、同時に靴の種類やメーカーにより造形が非常に異なる部分でありながら、実はトップラインに関しては、特段に意識せず靴を選んでしまい、購入後に「しまった、喰い込んでイタい……」と後悔しがちな部分でもあります。内踝側より外踝側を低くえぐるのが一般的なものの、それが鉄則とも言い切れないのが厄介な点で、あくまで「履き手の足と相性が良いか悪いか」の問題です。靴の木型だけでなく、デザインパターン(紙型)との相性が多大に絡んでくる領域でもあります。

ことさらスリッポン形式の靴では、トップラインが足の踝に対してカパッと開き過ぎてしまうケースが多いようです。この状態を「履き口が笑う」と言いますが、まさに言い得て妙! 次に挙げる踵の喰い付き加減と同様に、

「ベストフィットの靴を見つけるのは、紐靴よりもスリッポンのほうがはるかに難しい」

と言われる原因の一つです。

踵周り

靴のヒールカーブが足の踵全体を包むように適度に喰い付いているのが、この部分の最適な状態です。ここが足の踵より大き過ぎる=ユル過ぎると、靴が脱げやすくなってしまいますし、逆に小さ過ぎる=キツ過ぎると、アキレス腱を圧迫してしまい、歩行が困難になります。甲周りとは対照的に、

日本人の踵周りは昔も今も欧米系の方に比べ小ぶりなのが特徴ですので、前者のみを経験された人のほうが多いかと思われます。

ちなみに靴のヒールカーブの余裕代は、紐靴の場合約5ミリ前後、足を靴の前方に押し付けた時に手の小指が第一関節までキツめに入る程度がベストです。踵の抜ける確率の高いスリッポンの場合は、この余裕代はさらに少ないほうが望ましくなります。このチェック方法は、本来はこのように踵周りに適度な余裕があるか否かに用いるのが適切なのですが、我が国では「靴の足長」が適当かどうかをチェックする際にも拡大解釈的に用いられているのが実情です。日本人が概して本来よりも大きな靴を選ぶ傾向があるのは、このチェック方法の誤用が原因の一つだとも言われています。

靴のヒールの真上に体の重心がきちんとくる感触も、同時にチェックしておきましょう。大き過ぎても小さ過ぎても、サイズの合っていない靴ではこの「ノリの良さ」を実感できません。近年の傾向では、紳士靴であっても従来より接地面がやや小さめのヒールを付ける意匠が浸透しつつあり、その分この感覚の良し悪しを以前より判断しやすくなっていますので、どうか面倒臭がらずに確認してみてください。

必ず複数のサイズで確認！

靴店でここまでチェックできれば、間違ったサイズの靴を選んでしまう確率は激減できるはずです。また、「なんとか大丈夫」とか、「サイズの大小ではなくて、足と木型との相性が悪いのかも？」など、自分なりの「ちょうどいい」に対する許容範囲も自然と見えてくるかと思います。

試着の際には、必ず複数のサイズの中からベストなものを確認してください。具体的には「自分のサイズ」と思っているものから1サイズ下、例えば通常は日本の24・5を履く方でしたら、23・5あたりから順番にハーフサイズずつ上げていくとよいでしょう。ユルい・キツいの双方で「快適」と「我慢できない」との境目を、的確に把握できるからです。なお、以前ならばハーフサイズ下から試着していけばほぼ事足りたのですが、ロングノーズ仕様の靴が増えた現状を踏まえ、念のため「1サイズ下から」をお勧めします。

4-4 シューレースの通し方について

靴紐は、長さ、幅、色、材質など凝り始めるとキリがないパーツです。本来の機能＝フィッティングの調整を極めるべく、その通し方をいろいろ覚えておきたいところです。

パラレル

足首から眺めるとシューレースが平行に見え、内踝側・外踝側双方からほぼ均等に圧力がかかるので、締まりが良く緩みにくいのが特徴です。見た目にも落ち着いた印象となるので、ドレスシューズ全般に向いていて無難にまとまります。靴紐をどう通そうか迷った時には、とりあえずこれを試した上でフィット感などの様子を見ていきましょう。

パラレル
結び方

①

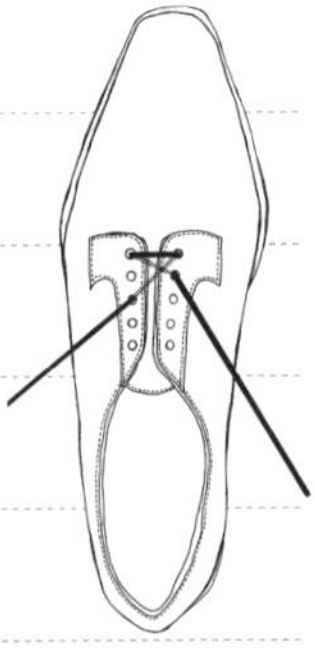

②

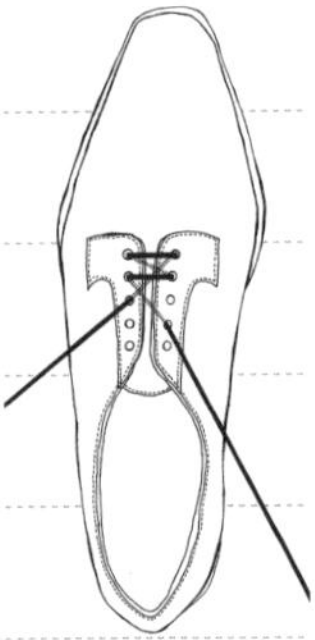

③完成

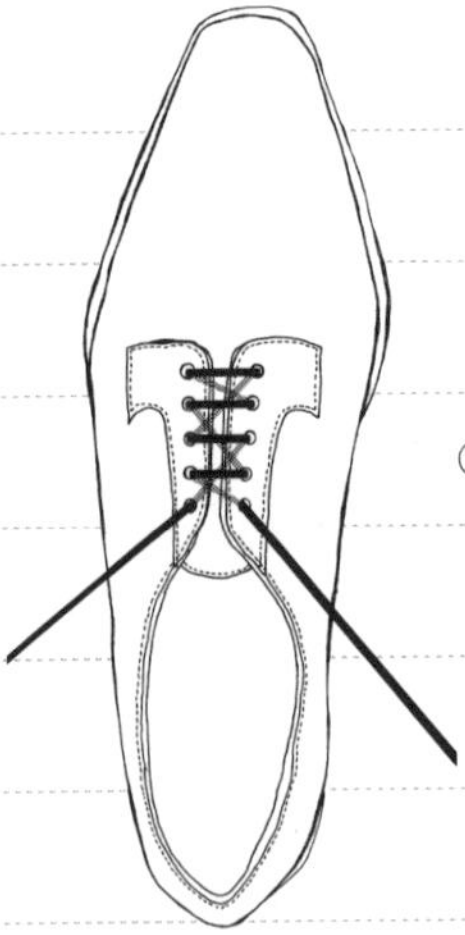

シングル

パラレル同様に足首から眺めるとシューレースが平行に見え、靴の表面に紐の厚みが最も出ない通し方です。見た目には非常に美しいものの、圧力が不均等にかかるので緩みやすく、内踝側・外踝側に最終的に出てくる靴紐の長さが揃えにくいのも難点です。内羽根式でフォーマル感の強い靴向けと言えるかもしれません。

シングル
結び方

①

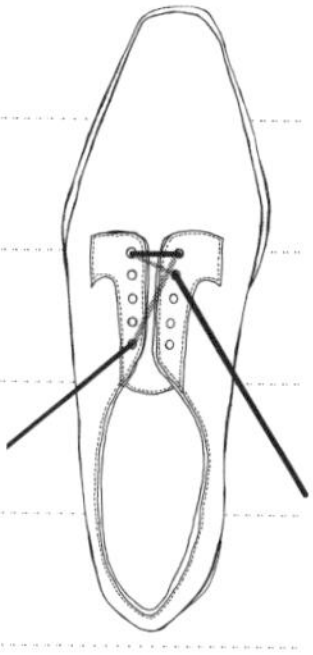

②

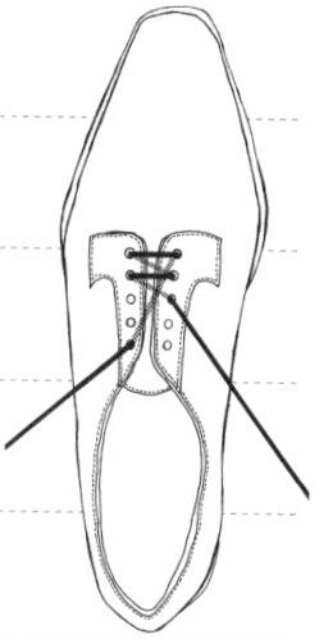

③完成

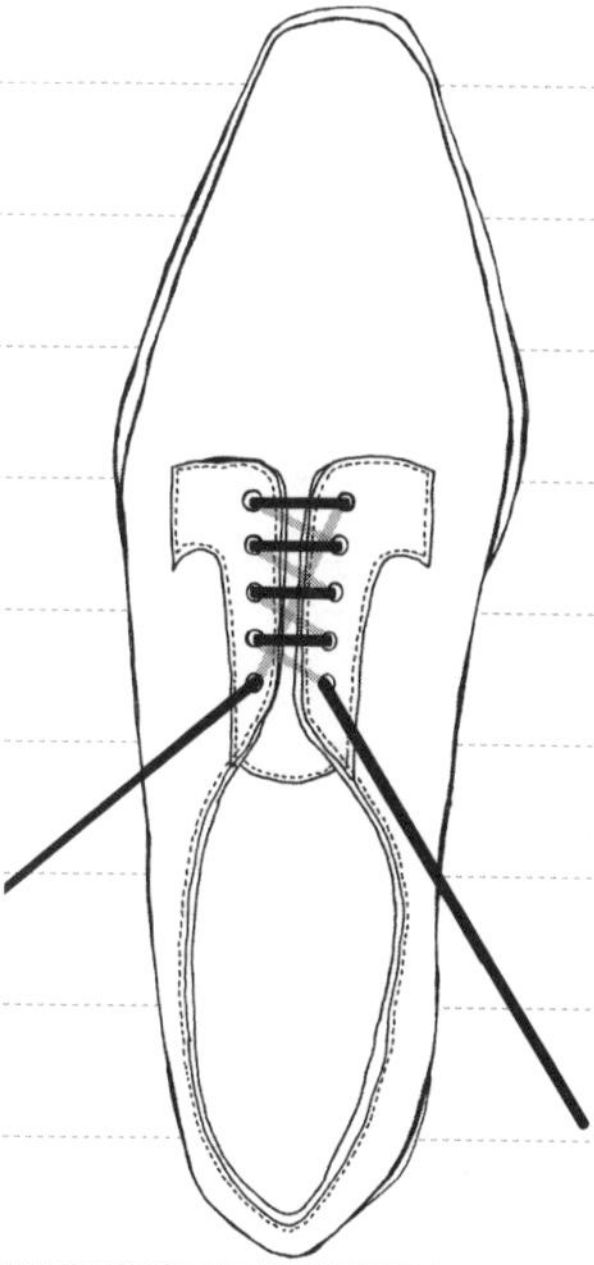

オーバーラップ

足首から眺めるとシューレースがハの字状に見え、上から下にそれがかぶさるので、着用時こそ締めにくいものの、その分着用中は緩みにくく安定感を得やすいのが特徴です。爪先から足首に向けて鳩目が広がりやすくなるため、甲高の人にも向いています。スニーカーやカントリー系の靴でおなじみの通し方です。

オーバーラップ
結び方

①

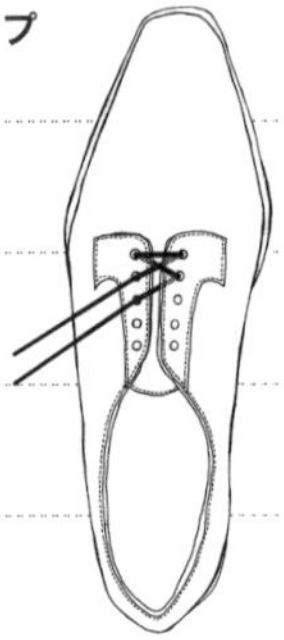

②

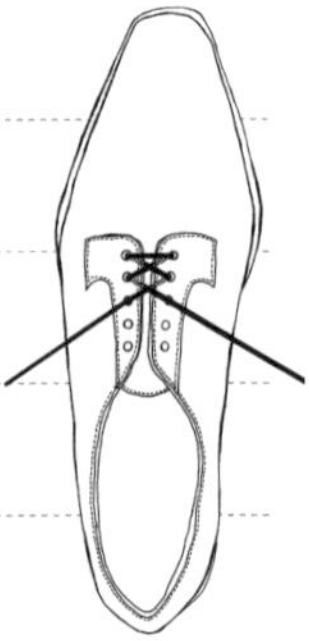

③完成

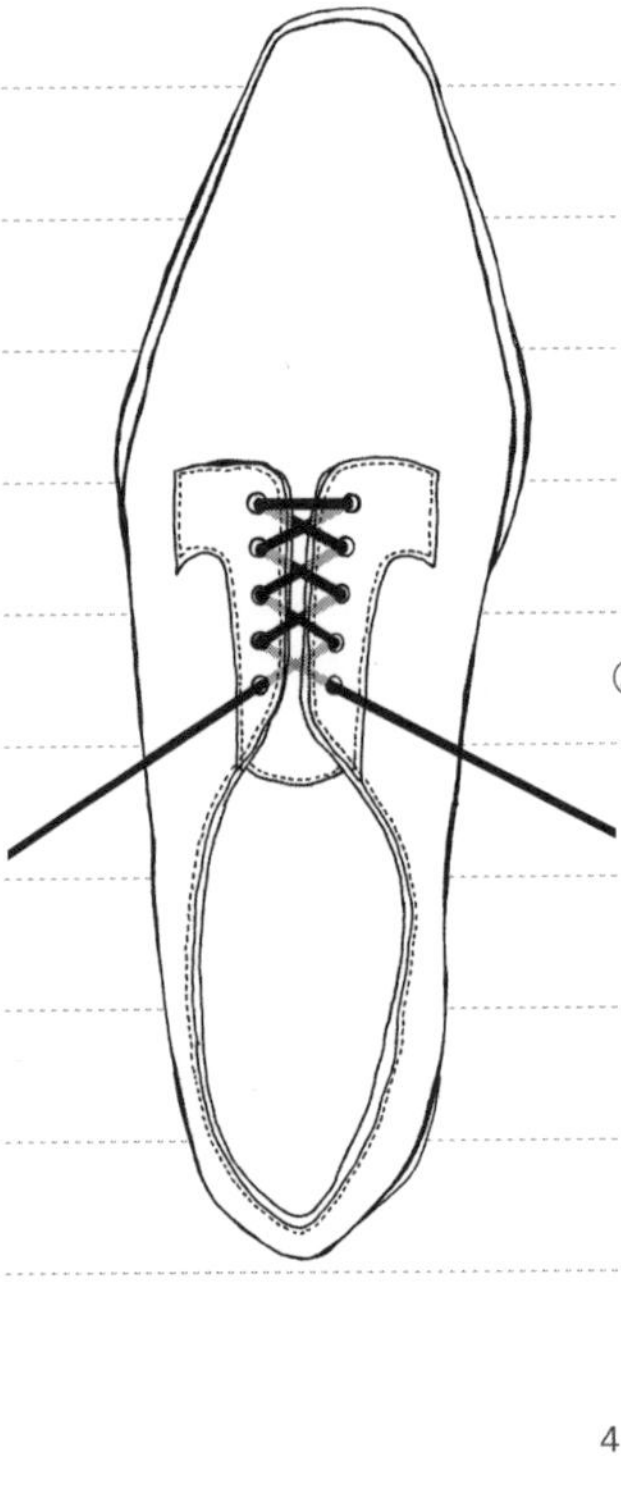

アンダーラップ

足首から眺めるとシューレースがV字状に見え、下から上にそれがすくい上げられるので、着用時に締めやすいのが特徴です。また、レースステイを甲に密着させる力が働くので、自然なフィットも得られやすいです。ただし、やや緩みやすい傾向もあるため、甲の形状に癖のある方や、ブーツのように鳩目の数が多い靴に向いた通し方です。

アンダーラップ
結び方

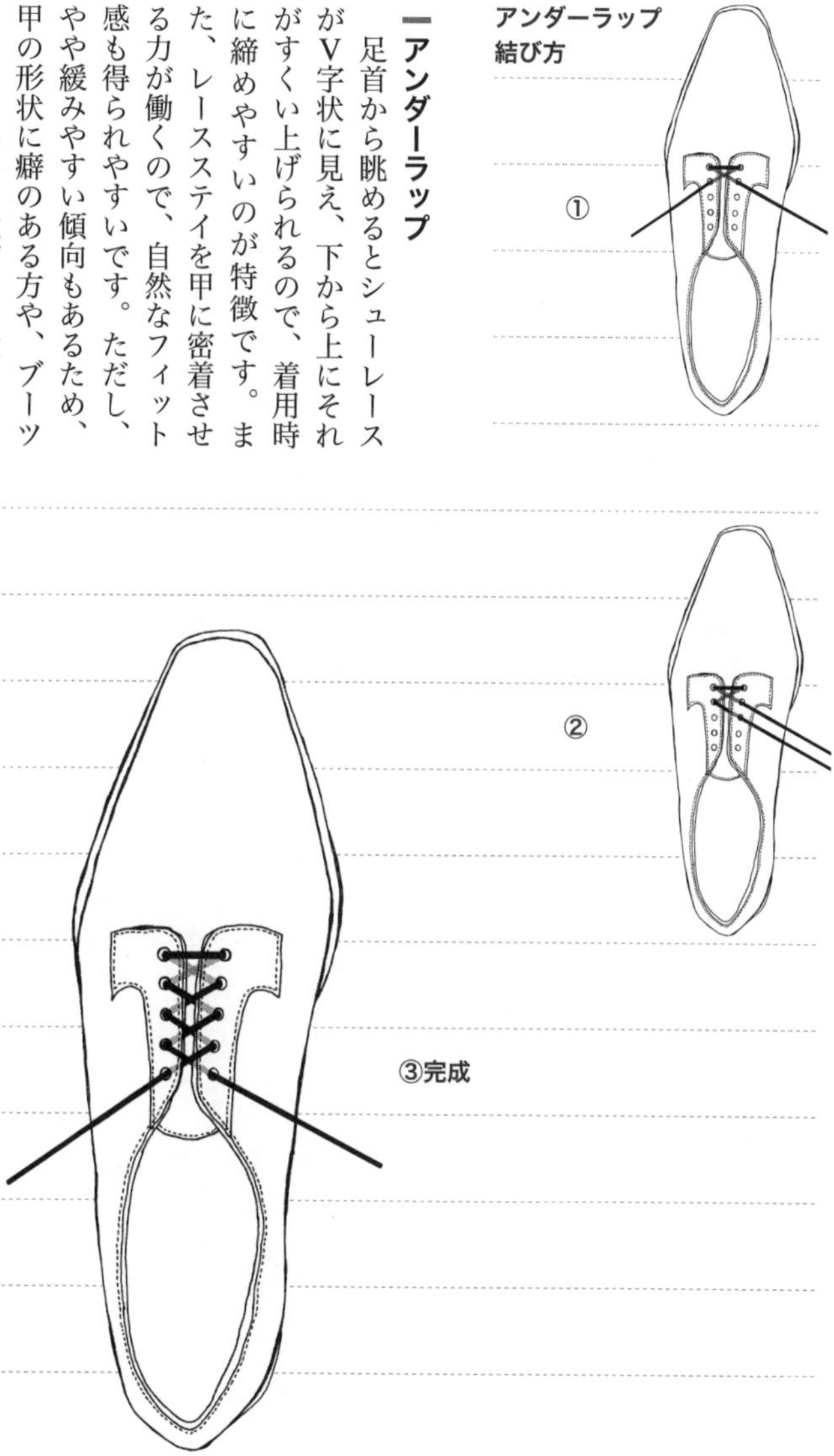

第２部 カッコ良く履きこなしたい人のために

5. なんだかんだ言っても、「紳士靴の主役」は絶対これです！

この章では、今日の紳士靴の本流である「紐で締め上げる短靴（シューズ）」に見られる、様々なスタイルについてお話をします。「紐が付いてれば、どれもこれも同じじゃないの？」と思われる方がいらっしゃるかもしれませんが、スタイルの違いは靴の起源の違いでもあり、それ次第で使い方も大きく変わってしまうのが、紳士靴の面白さなのです。もちろん「どのスタイルの靴を、どのような服に合わせて履けば良いか？」にも触れていきますので、流行に惑わされたり場当たり的に靴を身につけるのではなく、基礎を踏まえた上で自らきちんと考えて履いていく姿勢を養っていただければ幸いです。

なお、一部の靴については、巻頭の口絵１～２ページもご参照ください。

5-1 外羽根式と内羽根式の違い

一見よく似ているようで、下の2足は全く異なる紐靴です。形だけでなく、使われ方も両者で異なります。細かい種類を知る前に、まずはこの大枠の違いから見ていきましょう。

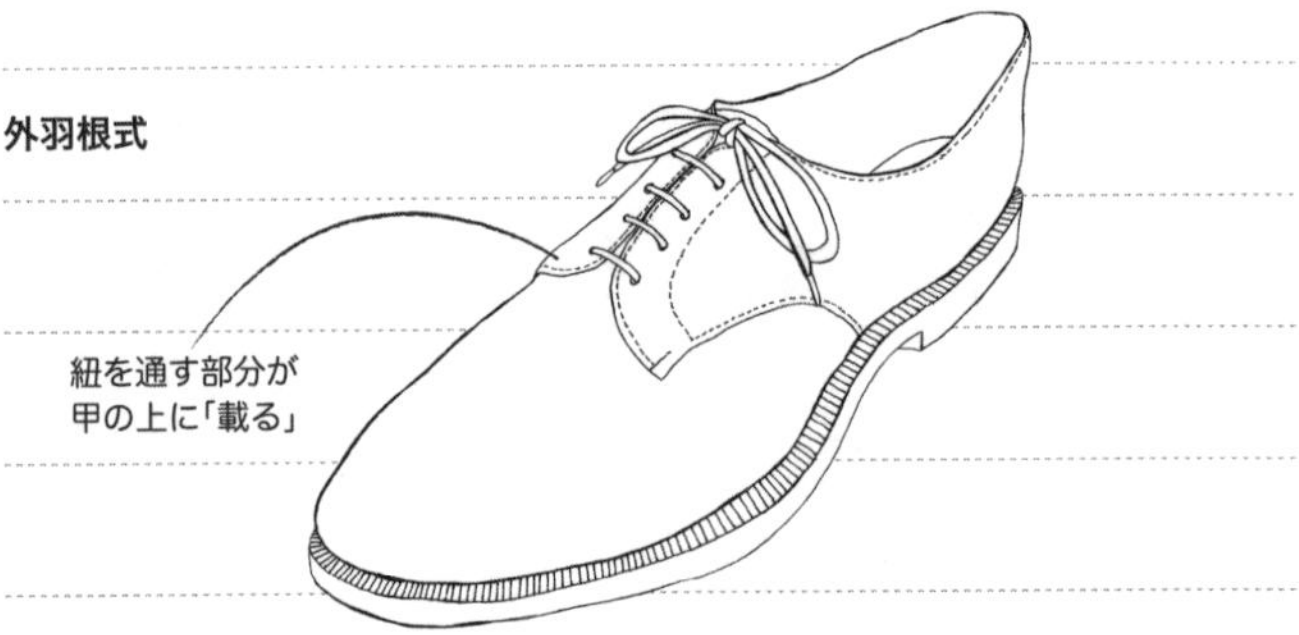

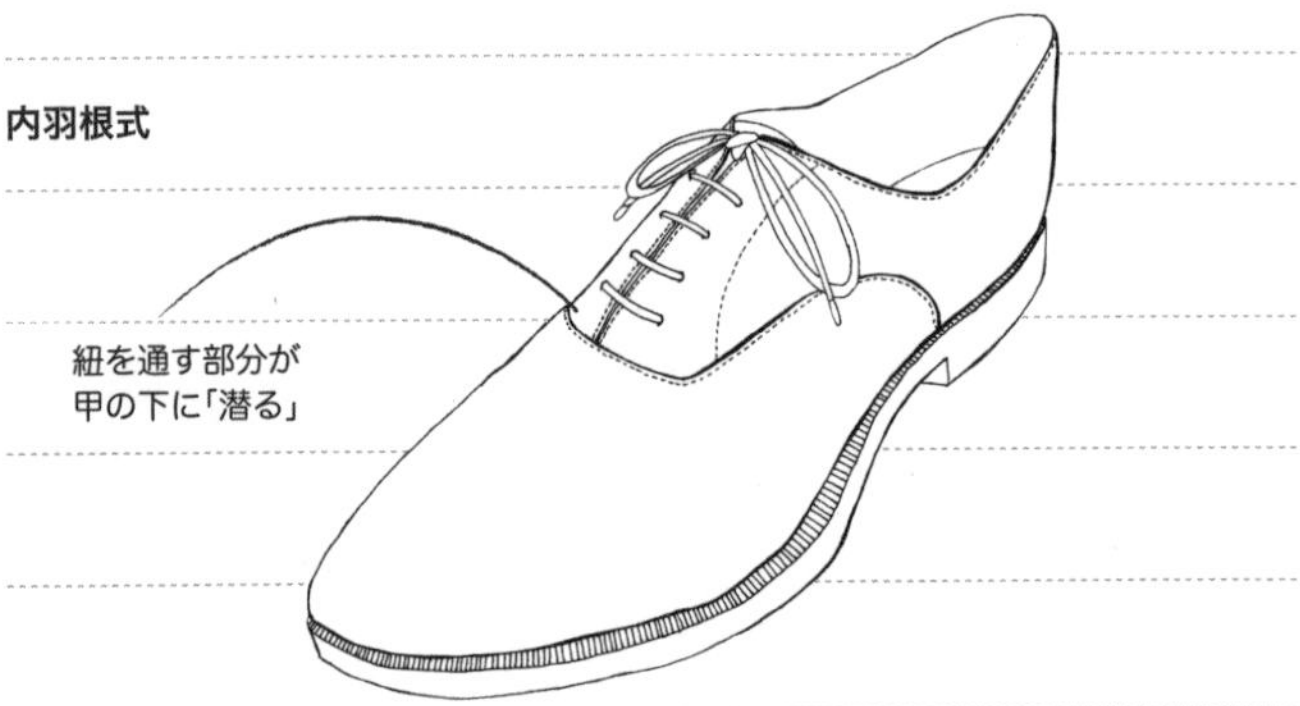

外羽根式は活動的

右ページ上の絵の紐靴は外羽根式と呼ばれます。甲より前の部分に、鳩目の部分が載っかっている状態の紐靴の総称です。

ルーツは1815年に起きたワーテルローの戦いで、ブリュッヒャーという名のプロシアの陸軍元帥が作らせた戦闘用ブーツです。羽根の形状が競馬のゲートに似ているため、イギリス・フランスなどヨーロッパ諸国ではダービーとかデルビィ（Derby）と呼ばれ、アメリカでは考案者の苗字を英語読みし、ブルーチャー（Blucher）と呼ばれます。

羽根が全開するので着脱が比較的素早くできるうえ、フィット感の調節も容易にできる点が靴本来の要素として理にかない、以後狩猟用や屋外労働用などにも広く浸透していきました。一日中歩き回る必要がある時などは、微調整がより容易にできるこの靴のほうが確かに疲れにくく、活動的な場に向いています。

内羽根式は品良く見える

一方、右ページ下の絵の紐靴は内羽根式と呼ばれます。甲より前の部分に、鳩目の部分が潜り込んでいる状態の紐靴の総称です。

こちらはイギリス史上最強の女王陛下、ヴィクトリア女王の夫君・アルバート公が1853年に考案したミドルブーツが起源のようです。彼が好んで過ごしたスコットランドの御用邸にちなみ、イギリスやアメリカではバルモラル（Balmoral）と呼ばれます。またフランスではルイ王政期の宰相だったリシュリュー（Richelieu）の名で、イタリアでは「フランスのおじょうさん」の意のフランチェジーナ（Francesina）と呼ばれます。

羽根の部分が全開しないので、外羽根式に比べフィット感の調節にやや難がありますが、見た目の清楚さから主に礼装用や室内執務用の靴として、パンプスなどに代わり普及しました。今日でも冠婚葬祭の際や畏《かしこ》まった場には、スッキリと見えるこちらのほうが品格を演出できます。

起源と足の特徴を踏まえて選ぶ

ただし「外羽根式＝カジュアル、内羽根式＝フォーマル」は起源も絡んだ一般論。足の特徴に合わせて選ぶのも決して間違いではありません！　例えば極端に甲が高い人や低い人は、シンプルなものなら礼装用でも外羽根式の紐靴を選んで構いません。

5-2 シンプルだから面白いプレーントウ

プレーントウとは文字通り、爪先や縫い目などに何も飾りを付けないシンプルなスタイルの靴のこと。一見没個性的ですがそれゆえ広い汎用性を有し、実は種類も様々です。

Vフロント（口絵１ページ参照）

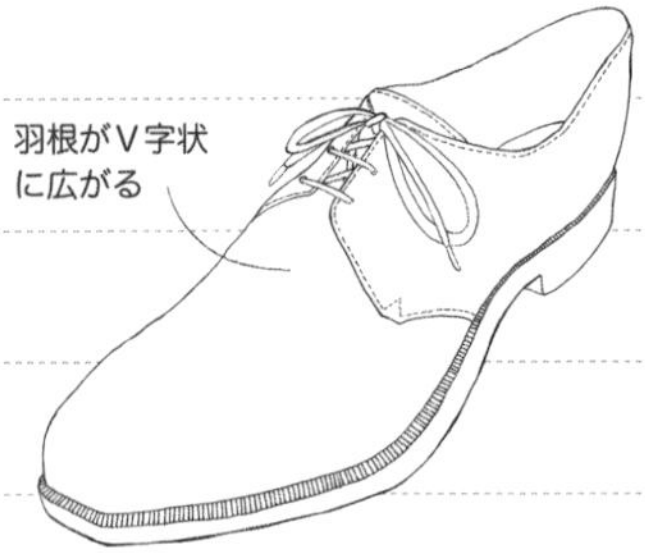

外羽根式プレーントウ

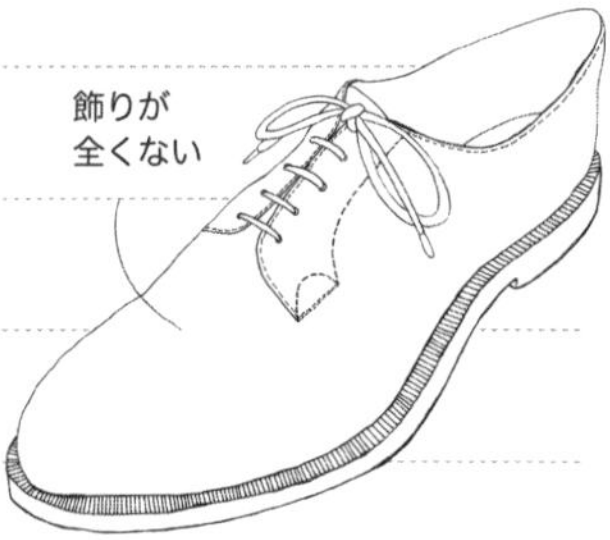

ホールカット

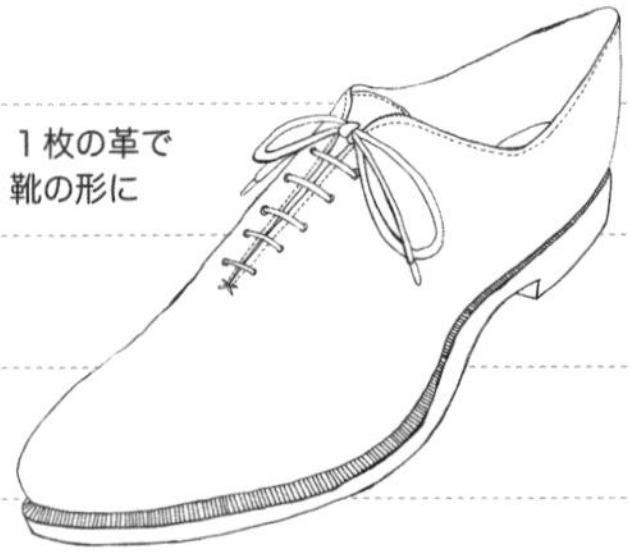

内羽根式プレーントウ

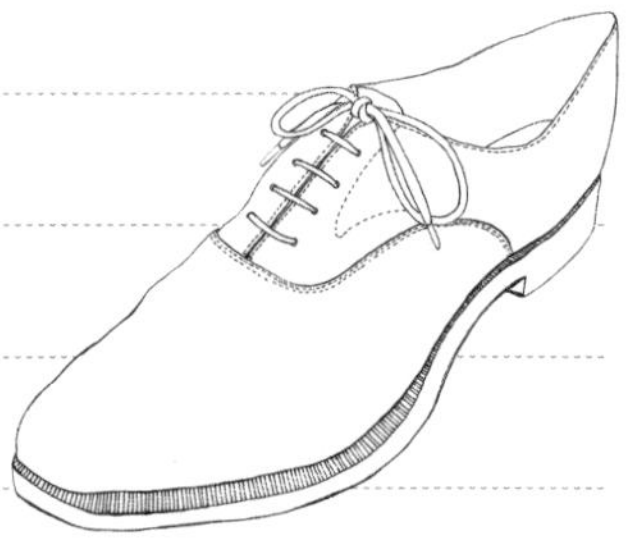

あまりにおなじみな外羽根式

右ページ右上の絵のような外羽根式で鳩目が4～5個あるものを、この靴として真っ先にイメージする人も多いでしょう。素朴でどっしりとした印象で、仕事用にこの靴を履かれた経験を多くの方がお持ちでしょう。

アメリカントラッド的なスーツなどと相性が良いスタイルである一方、イギリスでは野遊び用の靴としても定着しています。頑丈さが求められる点では共通です。

日本で意外と見ないVフロント

右ページ左上の絵のような、外羽根式で鳩目の一番爪先寄りの位置から羽根がV字状に広がるものをVフロントと呼びます。高めの位置に鳩目が1～3個しかないので甲をあまり締めつけず、どんな足の持ち主にも合いやすい靴です。

汎用性が極めて高く、特に黒のこれはイギリスではビジネス用に、欧州の大陸側では礼装用に履くケースも多く見ます。ジーンズ姿でも違和感はありません。旅行で靴を1足しか持って行けない時などには、非常に重宝します。

内羽根式だと印象が相当畏まる

右ページ右下の絵のような内羽根式のプレーントウは、畏まった印象が大変強くなります。実際黒のこれは、今日では燕尾服やタキシードなど、夜間の宴用の礼装には欠かせない靴です。

厳密にはそのような場には、この靴かオペラパンプスで黒いパテントレザーのものを履くのがより正式です。が、通常の黒い表革でも磨き上げたこの靴ならば、今日ではまず大丈夫です。

ホールカット＝技術力の証明

右ページ左下の絵のように縫い合わせが踵部にしか存在せず、鳩目の下で甲を包むパーツ（タング）以外は1枚の革のみで構成されたものを、特にホールカットとかワンピースと呼びます。

縫い合わせが最低限なので見え方もシンプルで、その分製造技術や木型の良し悪しが如実に表れる靴です。また大判の革を用いなければ裁断できないため、革質も上級のものが求められます。

プレーンゆえの包括力

これらの靴を眺めていると、英語の“Plain”には、「単純な」とか「装飾のない」なる意味だけでなく、「明瞭な」という意味もあることを実感できます。しかもそれは、複雑なものを包括し尽くす明瞭さです。

5-3　畏まった場にふさわしいキャップトウ

　キャップトウとは爪先の縫い目にのみ一文字状の表情をつけたスタイルの靴のこと。爪先に芯地を入れる際に目安とした線が、そのままデザインになったという説もあります。

ストレートチップ
（口絵１ページ参照）

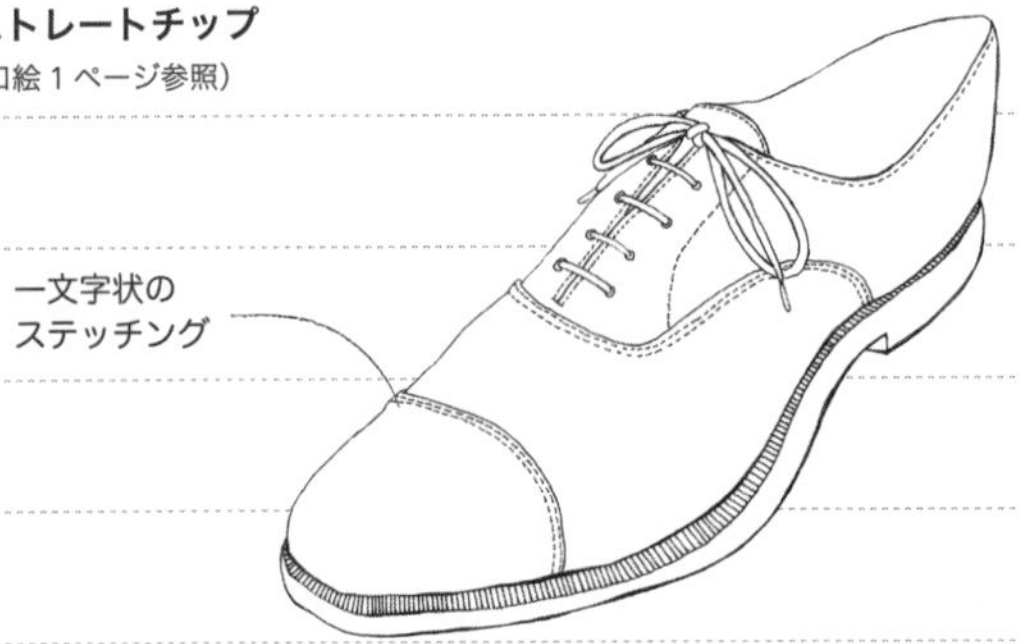

パンチドキャップトウ

冠婚葬祭時に最適なストレートチップ

右ページ上の絵のように、爪先に一文字状のステッチングのみを施したものをストレートチップとかストレートキャップと呼びます。一文字の愛称で親しまれている方も多いでしょう。

この靴でまず思い浮かべるのは、内羽根式の黒のものでしょう。凛々しい印象を与えるため、ビジネス用以上にモーニングなど昼間の儀式用の礼装に合わせる靴の模範解答だからです。

そのせいか我が国では、1980年代までは茶系のこの靴をあまり見なかった記憶があります。日本でもそれを見る機会が増えてきたのは、イギリスやアメリカ東海岸ではなくイタリアの男性の装いに強い影響を受けるようになった、90年代以降になってからです。

印象が華やかになるパンチドキャップトウ

右ページ下の絵のように、爪先に一文字状のブローギング（穴飾り）のみを施したものをパンチドキャップトウと呼びます。ストレートチップとの違いはごくわずかですが、こちらのほうが華やいだ表情になります。

内羽根式の黒の場合、ストレートチップに比べ格式はわずかに落ちるようですが、よほどのフォーマルな場でない限り代用できます。この種の靴の発祥地であるイギリスでは、どちらの靴も“Cap Toe”で同格の扱いです。

とは言え温和な印象も少し加わるので、黒はビジネスの場で広く活用できます。茶系の場合は仕事用としてのみならず、高級なレストランなどカジュアルな雰囲気とは言えないような場を休日に訪問する時などに最適でしょう。

きちんと履きたい靴

畏まったイメージが先頭に出るので、内羽根式のものが必然主流になる靴です。黒ならば合わせる服も素直に昼間の儀式用の礼装とか、スーツでもチャコールグレーか濃紺の無地の略礼装として通じる装いまでが、やはりベストでしょう。黒のプレーントウで履きまわすのを覚えたら、必ずワードローブに加えたい1足です。

茶系はさすがにフォーマル用には使えませんが、ビジネススーツの足下ならばまず大丈夫です。紺無地・金ボタンのブレザーをグレー無地のトラウザーズとの組み合わせで、ダークスーツのように落ち着いた雰囲気で着たい時などにも最適です。

5-4 ビジネスシーンで大活躍する クウォーター／セミブローグ

縫い目に「ブローギング」と呼ばれる穴飾りを施した靴をブローグ（Brogue）と総称し、爪先に「メダリオン」と呼ばれる花状の穴飾りが付く場合が多いです。ここではそのうち、比較的シンプルなものをご紹介します。

クウォーターブローグ

セミブローグ

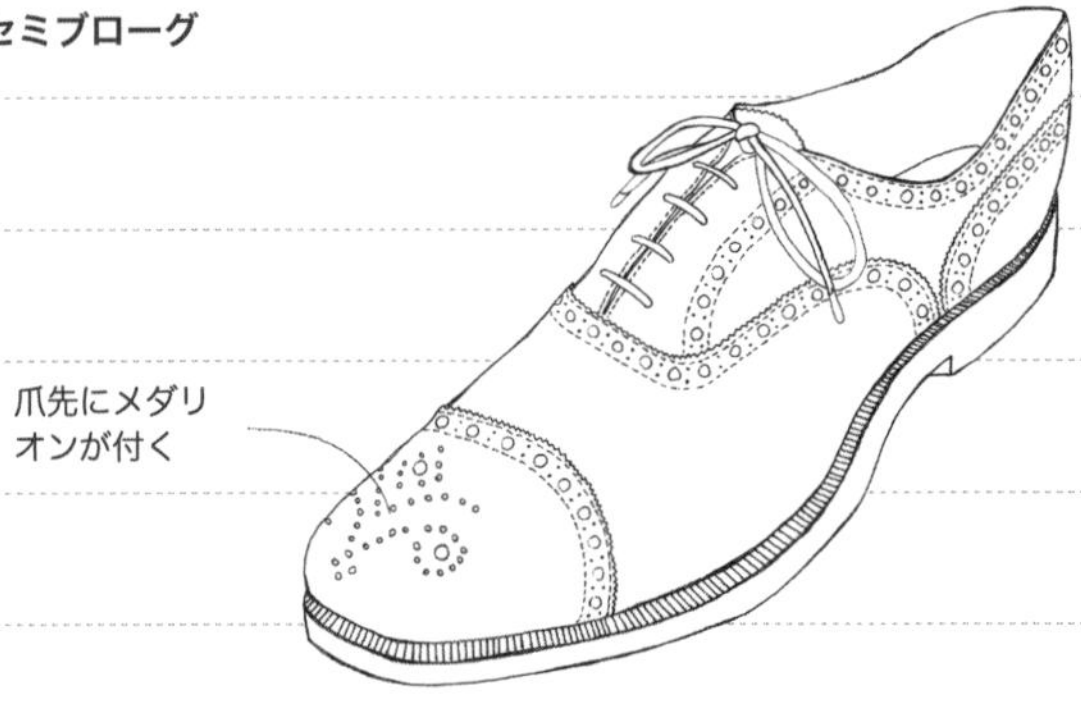

礼装にギリギリＯＫのクウォーターブローグ

右ページ上の絵のように、爪先のブローギングが一文字状で、そこにメダリオンが付かないものをクウォーターブローグと呼びます。パンチドキャップトウとの見た目の差がわずかなので、そちらとして売っているメーカーやブランドも多いです。

あえて違いを見出すとしたら、こちらは爪先だけでなく他のいずれかの縫い目にもブローギングが施されている点でしょうか。ここまでの飾りでしたら、黒のものなら冠婚葬祭の際でも何とか大丈夫といった感じです。

礼装以外なら全く問題のないセミブローグ

一方、セミブローグの場合は、右ページ下の絵のように爪先のブローギングは一文字状ですが、そこにメダリオンが付きます。この装飾一つのおかげで、クウォーターブローグに比べ表情が一気に活動的になってくるのだから不思議なものです。

イギリスをはじめとする欧州はビジネスシューズとしておなじみのこの靴が、「セミブローグ」の名で日本でも知られるようになりだしたのは、実は１９９０年代からと割と最近です。そのため靴メーカーによっては「メダリオンストレートチップ」などと呼ぶ場合もあります。

ここまでデコレートされると、さすがに黒でも冠婚葬祭時にはマナー違反となるのでご注意を。ただ、凛々しさは決して失われていないので、例えばプレゼンコンペのような他の人との違いを見せつけたい「華を求められる場」にふさわしい靴です。

黒も茶も欲しくなる千両役者

内羽根式であれ外羽根式であれ、特にセミブローグは結構守備範囲の広い靴で、まず第一線のビジネスの場でその真価を発揮します。もともとこのブローグという靴は、16世紀から17世紀にかけてのスコットランドやアイルランドでの労働靴が起源なので、オンビジネスに用いるのは遺伝的にも正解なのです。

ただ、ブレザーやツイードなどのジャケットスタイルとも合ってしまうので、黒と茶系、どちらもあると大変重宝します。礼装を求められる場ではないけれど、次のページでご紹介するフルブローグだと「少しくだけ過ぎかな？」と思う時にぴったりの靴です。

5-5 実は種類が様々なフルブローグ

セミブローグとは異なり、爪先のブローギングがW文字状のものをフルブローグと呼びます。なおこれは英語で、日本では米語の「ウィングチップ」の名のほうが知られています。

外羽根式のフルブローグ

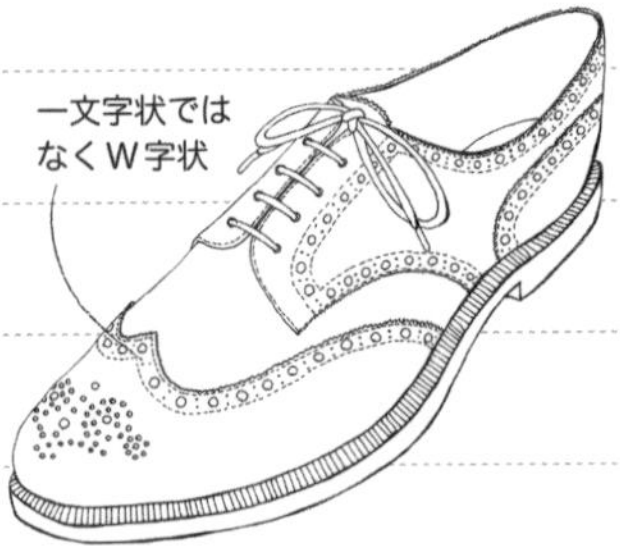

内羽根式のフルブローグ
（口絵 2 ページ参照）

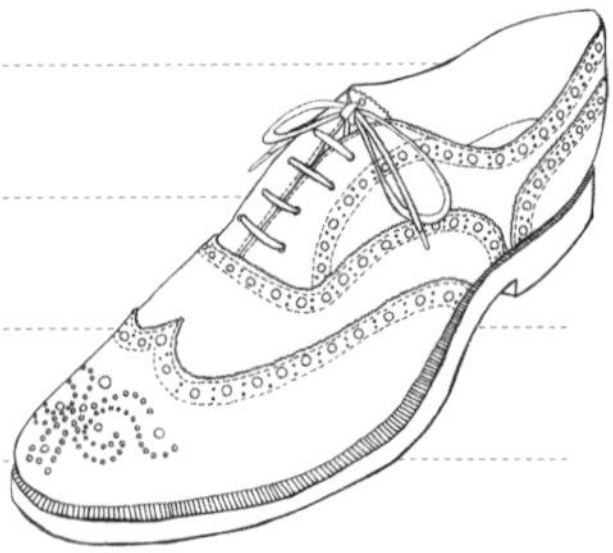

ブラインドフルブローグ

ロングウィングチップ

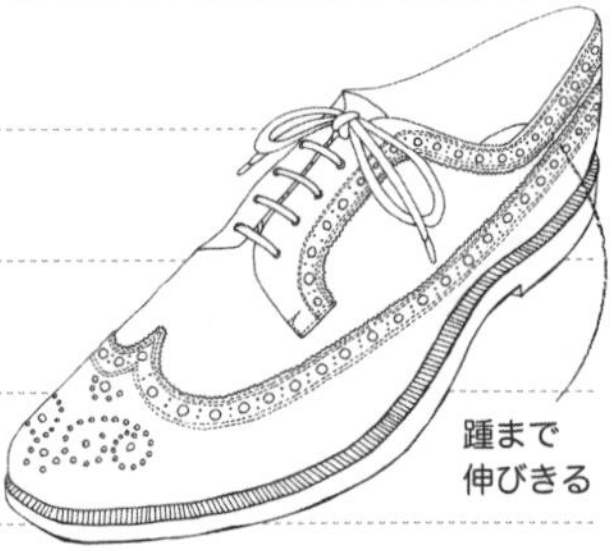

内羽根式は誠実さも親近感も大

右ページ右上の絵のような内羽根式のフルブローグは、セミブローグ以上に表情に躍動感が出てくるのが特徴。当然フォーマルユースには履けません。

他の欧米諸国や日本では、表革のものならばいずれもビジネス用スーツと当たり前に合わせる一方、イギリスではビジネスシューズには黒、休日用には茶系と昔から使い分けます。

外羽根式は迫力が増大します

右ページ左上の絵のような外羽根式のフルブローグは、見た目に相当な迫力が出るので、黒でも仕事には使えないと感じる人も出てくるでしょう。

洗練された雰囲気に仕上げるメーカーもあれば、存在感をストレートに表現するブランドもあり、見ていて飽きません。

日米でおなじみのロングウィングチップ

外羽根式のフルブローグで、右ページ右下の絵のようにW字状のブローギングが踵まで一直線に伸びていくものを、特にロングウィングチップと呼びます。我が国では「おかめ」とも呼ばれます。

アメリカ系の靴ブランドが伝統的に得意で、日本でも長年人気のある靴です。確かにアメリカントラッド的な装いとは好相性です。

凛とした佇《たたず》まいのブラインドフルブローグ

フルブローグのうち、右ページ左下の絵のようにブローギングをすべてステッチングに置き換え、爪先のメダリオンも省略したものをブラインドフルブローグ（ステッチドフルブローグ）と呼びます。

礼装には無理なものの、清楚さが強調されるので、通常はブローグ系の靴を合わせづらい、やや畏まった雰囲気を持つ服にも十分合わせられます。

素材感のある服と合わせたい！

セミブローグに比べ、内羽根式でもよりカジュアルな印象が加わるので、スーツも柄物や無地でもフランネルのような素材感が濃いものと合わせると決まります。

同じく相性の良いのがジャケットを軸とした装い。素朴なチェック系のジャケットや、紺やキャメル色のブレザーとのコーディネートは、昔からの王道中の王道で、これらをしっかり着たい時に足元にこの靴があると、装い全体に軽快感と安定感双方を得られます。

5-6 すっかりおなじみになったUチップ系

甲から爪先《つま》にかけて「モカシン縫い」と呼ばれるステッチを施した紐靴を、ここではまとめて取り上げます。外羽根式のものが主流で、人気が世界的になったのは1980年代後半以降です。

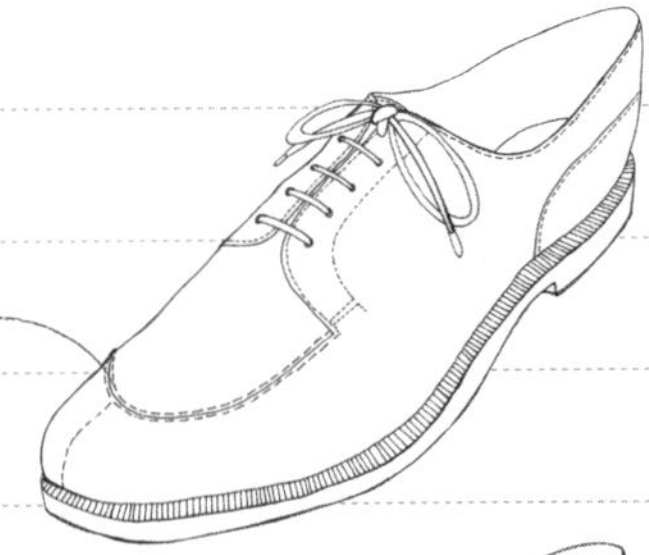

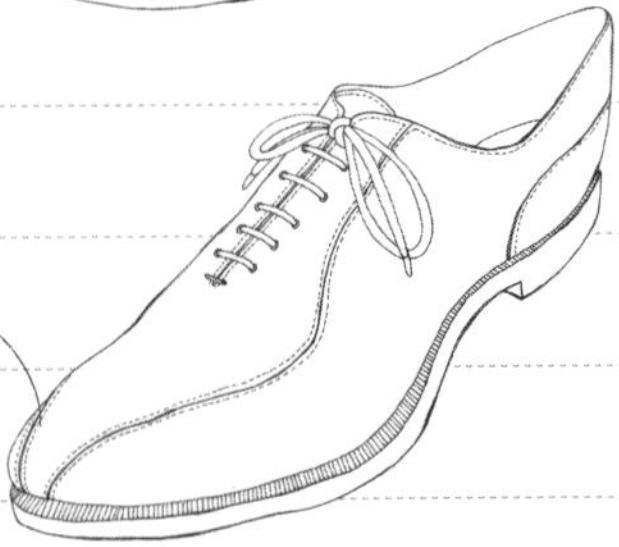

元々はアウトドアスポーツ向けだったUチップ

右ページ上の絵のようなものが典型的なUチップです。ただしこれは和製英語。イギリスではその形状や起源の一つからエプロンフロントダービーとかノルウィージャンダービー、アメリカでは別の起源からアルゴンキンブルーチャー、またフランスでは元来の用途=狩猟を意味するシャッスなどと呼ばれます。風貌には各国で違いが若干あるものの、いずれも1920年代から30年代にかけて野遊びやゴルフといった屋外スポーツ用に原型が完成したものです。

アメリカのメーカーが得意なVチップ

右ページ中段の絵のように、モカシン縫いがU字状というよりもV字状に施されているものを、日本ではVチップと呼びます。アメリカの靴メーカー、Aldenのものが特に有名で、1950年代に整形外科的なアプローチで様々な木型を開発する中で、Uチップをベースに履き心地と見た目の自然さを高次元に両立させたからです。アメリカのメーカーらしい道具主義的な傑作と言えます。

若い世代に特に人気のスワールモカシン

右ページ下の絵のように、モカシン縫いがU字やV字の蓋状ではなく、2本線のまま爪先に落ち込んでいくものを、真上横から見た形状からスワールモカシンとかバイシクルフロントと呼びます。その線がブローギングやステッチングであってもこう呼びます。1960年代初期のモッズスタイルで流行ったブーツの意匠が90年代後半にモード的に再評価され蘇りました。足が細長く見えるためか、以来特に若い世代向けのデザインとして定着しつつあります。

カジュアル性が強いことを忘れないで!

近年はビジネススーツに合わせても違和感を覚えない人が多いものの、Uチップのかつての用途からおわかりの通り、本来はフルブローグ以上にカジュアルな立ち位置にあった靴ですので、基本的にはジャケットを軸とした装いを中心に合わせてほしい靴です。

爪先のモカシン縫いが共通でもあり、個人的にはローファーの年長者版的な感覚で履くと自然な気がします。ただしVチップは論理的に突き詰めて完成した背景があるせいか、汎用性がこの中では気持ち高い感もあります。

5-7 鳩目周りに特徴のある サドルシューズ／ギリー

ここでは靴紐を通す鳩目周辺の意匠に特徴のあるサドルシューズとギリーをご紹介します。どちらもインパクトのあるデザインなので、ビジネス用には原則用いられません。

コンビ仕様が主流のサドルシューズ

右ページ上の絵が典型的なサドルシューズ、正式にはサドルオックスフォードと呼びます。甲に馬の鞍＝サドル状に独立した革を上から下までかぶせ、そこに鳩目を付けた紐靴で、踵部の縫い目を覆う革も馬の鞍状となる場合が多いです。19世紀末期にイギリスで考案され、デザインそのものは単純なものの、その構造上内羽根式・外羽根式どちらにも属せない紐靴であることは意外と知られていません。

サドル部と本体が濃淡2色使いのコンビシューズの印象が強い靴です。これは20世紀初期にアメリカに伝わった際、学生靴やスポーツシューズのデザインとしてこの仕様で普及し、やがて世界中に広まったため。よってチルデンセーターやコットンパンツなど、一昔前のアメリカの学生っぽいカジュアルウエアとの相性が抜群です。

一方、母国であるイギリス製を中心に、本体とサドル部が同色・同素材のものもあります。こちらは黒や茶系の牛革製であれば、無地系のダークスーツとも何とか合わせられます。

スコットランドでは今日でも舞踏用のギリー

右ページ下の絵のようにギリーは顔立ちの濃い靴で、鳩目の意匠が波状でその周りもU字状にくり抜かれます。長い靴紐を足首に巻きつけて履くのも特徴で、何より足と靴紐の間にタング（舌革）がないので靴下が丸見え！

語源はスコットランドやアイルランドでの古語の「召使い」。これらの仕様はいずれも湿地が多い彼の地の古《いにしえ》の生活上の工夫で、その点ではブローグと同一起源とみなされていますし、実際ブローギングを施す場合が大半なので、ギリーブローグとも呼ばれます。この靴はやがて舞踏用に洗練され、スコットランドの民族舞踊には今でも黒のこれが不可欠です。

19世紀中・後半と20世紀初期のイギリス皇太子であるエドワード7世と8世（後のウィンザー公）の双方が、カントリーサイドで好んで用いたため、彼らの俗称からプリンス・オブ・ウェールズと呼ぶ場合もあります。系譜が系譜ですので専ら休日用ですが、チェックのマフラーや色がたくさん入ったツイードと合わせると、装いはすんなりまとまります。

6.

第2部 カッコ良く履きこなしたい人のために

「脇役」にも良い役者を揃えたい！

この章では、前章では採り上げなかったものの今日の紳士靴を語る際なくてはならないスタイルについてお話をします。靴紐以外に足を靴に固定させるパーツとしては、バックルとストラップの組み合わせや、ゴムを練り込み伸縮性を有した生地が、しばしば用いられます。ただ、これらの中で一番おなじみなのは、それらを全く用いることなく靴の形状だけで足にフィットさせるものでしょう。また、今日の紳士靴では脇役となってしまいましたが、20世紀初めまではむしろ主役であった「ブーツ」についても、代表的なものを紹介します。「紐で締め上げる短靴（シューズ）」とは意味がどう異なるのか？それがわかるだけでも靴選びが楽しくなるはずです。

なお、一部の靴については巻頭の口絵3ページもご参照ください。

6-1 バックルの形が鍵となるストラップシューズ

履き口を靴紐ではなくバックルとストラップで締め上げる靴を、ここではまとめて採り上げます。どのようなバックルがどこに、いくつ付くかで種類が大まかに三つに分かれます。

モンクストラップ

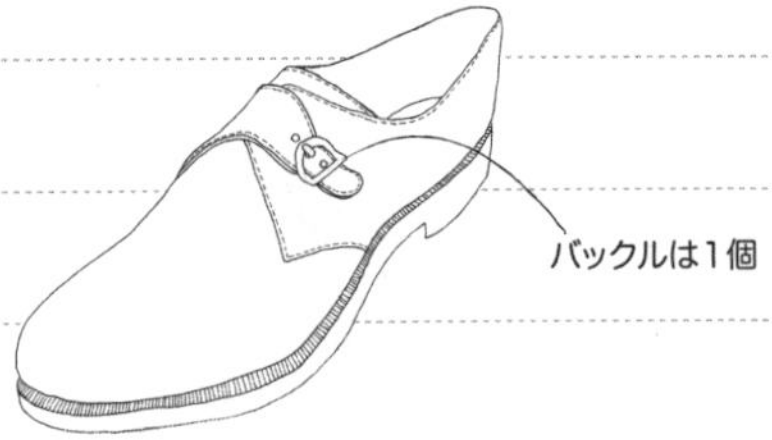

ダブルモンクストラップ

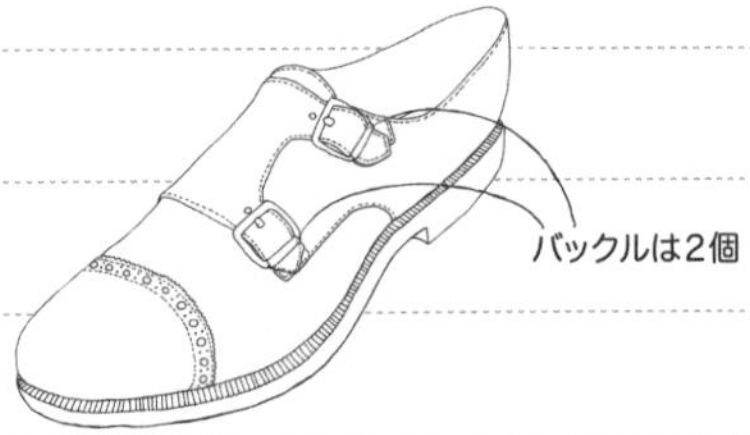

サイドストラップ

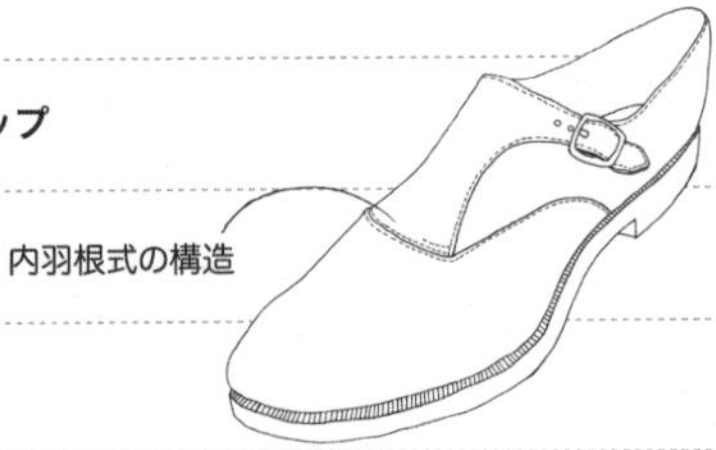

■基本形のモンクストラップ

右ページ上の絵のように1対のバックルとストラップで足を靴に固定させるのが、典型的なモンクストラップです。より厳密な「シングルモンクストラップ」なる呼称も定着しつつあります。ヨーロッパのアルプス地域にいた修道士が15世紀頃に履いていたサンダルが原型で、彼らを意味する英語からこの名が付いたようです。

プレーントウからUチップまでスタイルの許容度が比較的広く、表情も武骨なものから落ち着きのあるものまで多様なのが特徴です。

■華やかなダブルモンクストラップ

右ページ中段の絵のように、ダブルモンクストラップでは2対のバックルとストラップで足を靴に固定させます。20世紀最強のセレブリティ、ウィンザー公の要望からロンドンの誂え靴店・ジョンロブが創造し、既製靴としては1990年代前中盤にようやくおなじみとなりました。

2対のバックルのおかげで通常のモンクストラップより華やかな印象に映り、特にキャップトウのスタイルが似合います。甲周りを大きなストラップで「面」として強く押さえる構造になるので、甲が低めの人でも快適に履けます。

■洗練度が増すサイドストラップ

右ページ下の絵のように、サイドストラップは1対のストラップが甲の最上端まで内踝側を包み込み、バックルも外踝寄りに後退しているのが特徴です。紐靴にたとえると内羽根式の構造となるため、ストラップの下端が土踏まずではなく甲の上にくるのも他のモンクストラップとの大きな違いです。

世紀が入れ替わる頃に人気が定着した遅咲きの靴ですが、その分洗練さが際立つ感があります。ただし木型以上に型紙次第で履き心地が大きく変わる靴でもあります。

■紐靴とスリッポンを取り持つ靴

18世紀のようにバックル付きの靴のほうが礼装に用いられていた時代もありますが、現在では同じスタイルの紐靴に比べ明らかにカジュアルと見なされています。ただダークスーツと全く問題なく合わせられるものもあるので、紐靴とスリッポンの間の立ち位置という考えで間違いありません。

バックルの大きさや材質が靴の表情を決めてしまいがちなので、ある程度紳士靴に慣れ親しんだ上で購入したほうが失敗はしないかも？

6-2 ゴム生地で押さえるエラスティックシューズ

ゴムを練り込み伸縮性を持たせた生地で履き口を締め上げる靴を、ここでは採り上げます。2種類に大別され、その位置付けは紐靴の外羽根式と内羽根式に似た関係になります。

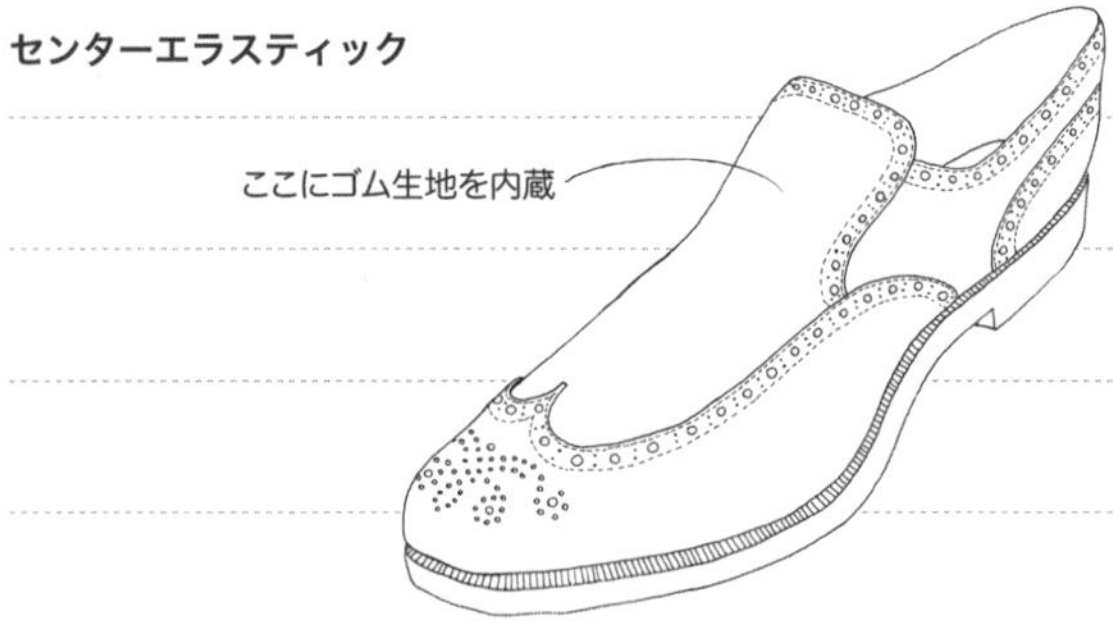

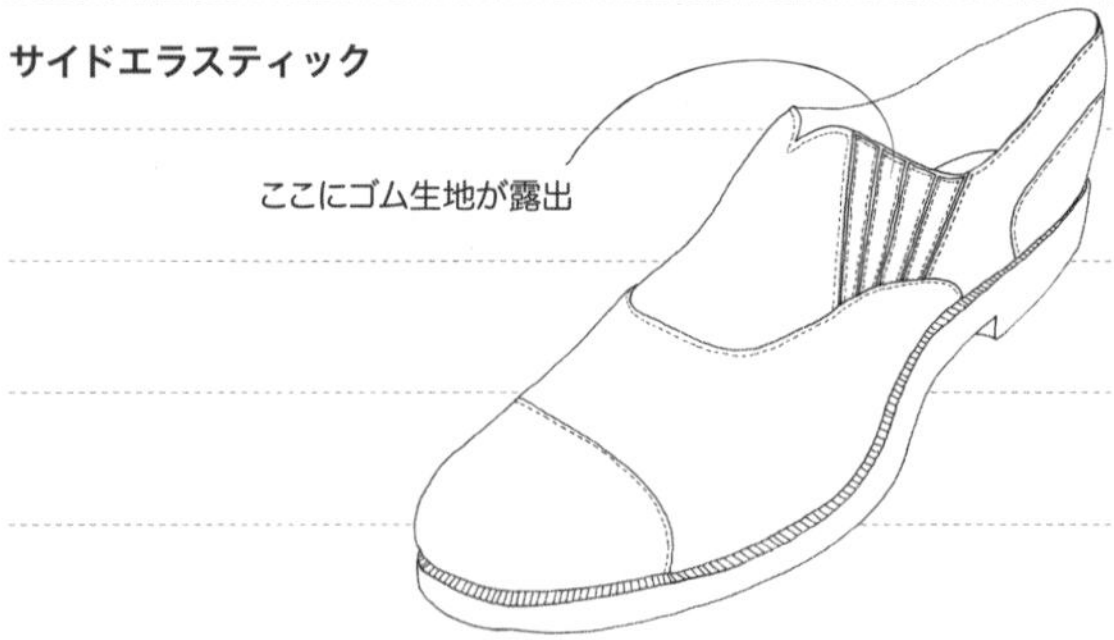

ゴム生地が隠れているセンターエラスティック

センターエラスティックシューズと呼ぶものは、右ページ上の絵のようにゴム生地は外からは見えないのが特徴です。甲の最上部にそれを配置しアッパーの革で覆ってしまうからで、そこに伸縮性を持たせることができるので、特に甲高の人に快適な靴となります。

　ゴム生地を完全に覆い隠すべく、アッパーは甲から爪先にかけてちょうどエプロンを垂らしたような外羽根式の紐靴にも似た裁断となるので、フルブローグのような曲線的なデザインとの相性に優れ、印象もやや活動的になる傾向があります。

凛々しさが際立つサイドエラスティック

サイドエラスティックシューズとは、右ページ下の絵のようにゴム生地を踝の脇周りに配置した靴のことです。通常は外踝側・内踝側双方にそれを配置しますが、どちらか一方にのみ配置されたものも稀に見受けられます。

　サイドゴアブーツ（104ページ）の短靴版といえ、構造上どうしてもゴム生地が露出するものの、表面に革で蛇腹を付けるなど、これを逆手に取ったデザインには見るべきものがあります。また内羽根式の紐靴と類似したパターンを描くことが可能なため、それと似た凛とした印象に映ることが多いです。

　この靴の黒のキャップトウスタイルならば、冠婚葬祭の際に用いても何ら問題ありません。より紐靴のように見せるため、甲に鳩目や靴紐を擬似的に配したものも存在します。

靴脱ぎ文化の我が国には、確かに向く靴

センター、サイドともに日本ではビジネス用の靴として、以前は今以上にポピュラーでした。甲高幅広だったかつての日本人男性には、これらの靴はフィット感と履物としての美しさとを両立させやすかったのと、靴の脱ぎ履きが欧米諸国に比べ頻繁な我が国の生活環境にも向いていたためです。

　一部のセンターエラスティックシューズに対しては、時に「ギョーザ靴」と揶揄《やゆ》され、冴《さ》えない男性の代名詞のように今日言われることもあります。が、前記の背景を知っていればそのような軽率な侮辱はできないはず。便利なことは事実ですので、これらの悪評を覆せる佇まいの靴がもっと紹介されてほしいのですが。

6-3 スリッポンの代名詞ローファー

ローファーとは「怠け者」の意味。スリッポンと呼ばれる、形状のみで足に合わせる紳士靴の代表選手です。甲に付くサドルの形状がデザイン上の大きなポイントになります。

コインローファーⅡ

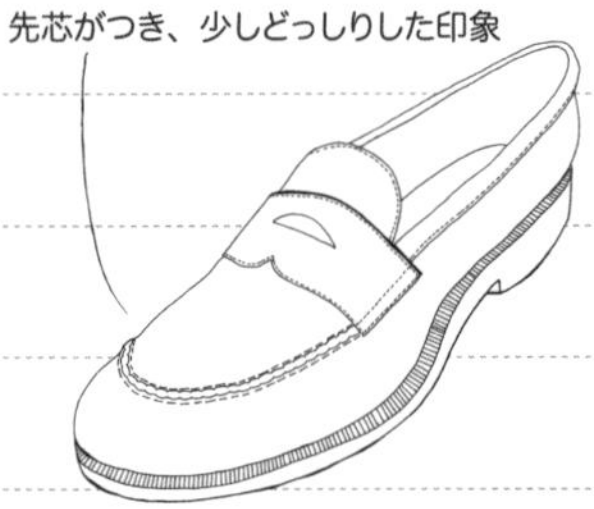

コインローファーⅠ

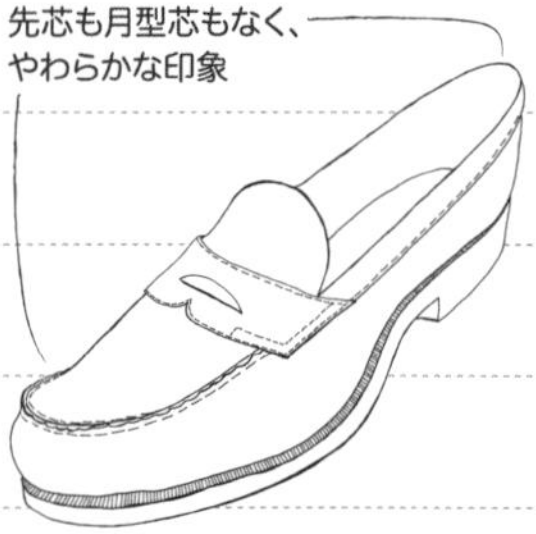

フレンチローファー（口絵3ページ参照）

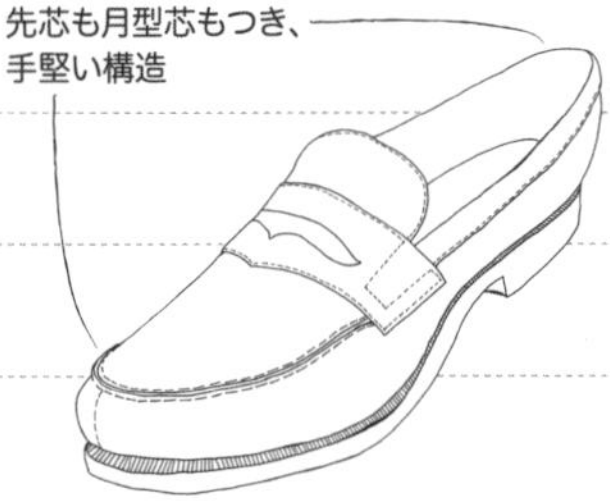

イングリッシュローファー

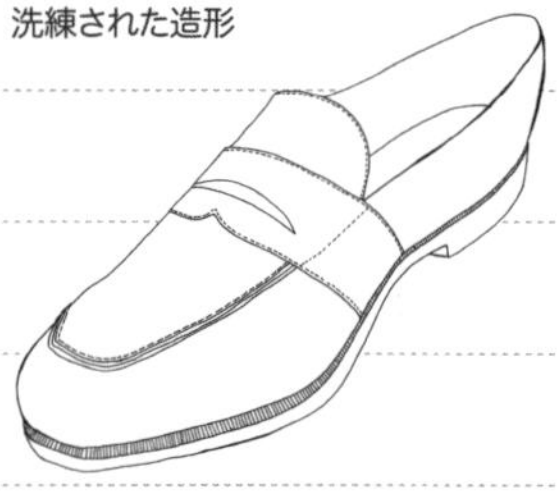

学生でなくても履きたい一足

右ページ上段の二つの絵のようなものはコインローファーとかペニーローファーと呼ばれます。サドルの切れ込みに1セント硬貨を埋めて履くのが、1950年代のアメリカの大学生に流行したために、その名がつきました。

右のものはライニングや先芯、それに月型芯を省いた簡単な構造です。底付けにモカシン製法を採用するのが主流で、履き始めから足なじみに優れるのが特徴です。

一方、左のものは底付けがより堅牢なグッドイヤー・ウェルテッド製法となる場合が多く、爪先にもごく薄い先芯が入るため、幾分どっしりした印象を備えています。アッパーの素材もコードヴァン（馬の臀部の革）との相性に優れていて、その履き心地は、かつてのアメリカ車の甘い乗り心地にたとえられるほどです。

当初は室内履きだった？

右ページ右下の絵のようなローファーは、この靴の起源を創造したとされるイギリスのものに多いデザインです。全体的な造形がシャープになり、あくまでカジュアルシューズの範疇ではありますが優雅な雰囲気となります。

1920年代にロンドンの靴店に登場した際には上流階級向けの室内履きとして提案されたようで、外履きに転化してもその名残は確かに残されています。

フランス人は色で遊ぶ

右ページ左下の絵ではちょっとわかりづらいかとは思いますが、フランスのローファーはそのイメージに反して、先芯も月型芯も入り、底付けをグッドイヤー・ウェルテッド製法とした手堅い構造のものが主流です。

その分「らしさ」が表に出るのが色使い！　今でこそどこの国の紳士靴でも紺や緑はあまり珍しくなくなりましたが、フランスではこの靴でそれらの色は、とっくの昔から定番です。

カジュアルだから清潔感が大切

男性のダークスーツ姿には合わせないほうが無難です。足元だけでなく装い全体が幼く見える危険があるからです。

原則的に気楽な靴なので、その分清潔感を十二分に伴った装いを意識しましょう。ローファーはその合わせ方で、履き手の「カジュアル」に対する意識や経歴が如実に出る、リトマス試験紙のような存在です。

6-4 主にアメリカで人気の、タッセルシューズ

「タッセル」と呼ばれる房飾りを甲の中央部にあしらったスリッポンを、まとめて紹介します。元来は宮廷での室内履きや兵士用のブーツなど、欧州の靴で多かった意匠です。

タッセルスリッポン

ウィングタッセル

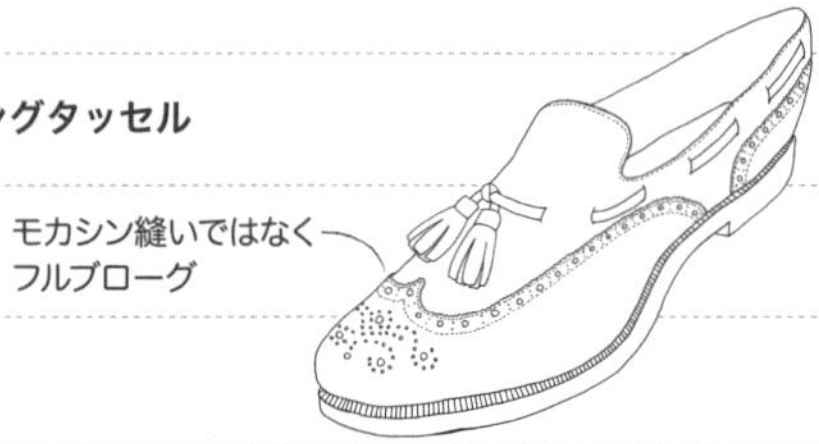

タッセルローファー

元祖ビジカジ・タッセルスリッポン

右ページ上の絵のような靴が、典型的なタッセルスリッポンです。アメリカの靴メーカー、Aldenが1948年に創り上げた比較的新しいスタイルで、同国を代表する紳士服ブランドのBrooks Brothersが採用したことから広まりました。

タッセルが持つ端正な雰囲気とスリッポンの気楽さが仲良く同居するこの靴に、このブランドはいわばオンとオフの両立性を見出したわけです。我が国では以前に比べそれほど履かれなくなってしまいましたが、アメリカの靴メーカーでは依然、大定番商品です。

重厚な印象のウィングタッセル

右ページ中段の絵の靴のように、タッセルスリッポンから甲周りのモカシン縫いを外し、代わりに爪先にメダリオンとW文字状のブローギングを施したものを、特にウィングタッセルと呼びます。

通常のタッセルスリッポンに比べ、華やかかつ重厚感が増した印象になります。両者の関係はちょうど、紐靴のプレーントウとフルブローグとの違いとほぼ同じです。

軽快なタッセルローファー

右ページ下の絵のように、一般的なコインローファーではサドルが付く部分にタッセルが付いたものを、特にタッセルローファーと呼びます。甲に「キルト」と呼ばれる、スカート状の革襞《ひだ》がさらに付く場合もあります。

この靴は甲周りのモカシン縫いが履き口にまで完全に繋がっているのが、通常のタッセルスリッポンとの決定的な違いで、それより明らかにカジュアルな位置付けとなります。

多芸さが際立つ中継ぎ二番手！

通常のタッセルスリッポンに限って言うと、ビジネス・カジュアルの兼用性はアッパー素材の選択肢の広さに繋がります。牛革の黒・茶系だけでなく、バーガンディー色のコードヴァンもしばしば用いられ、当然ビジネス用ではないものの、クロコダイル（ワニ）やリザード（トカゲ）のものも、カジュアルながら贅沢に装いたい際に強力な味方となります。

要は礼装以外でなら比較的広く使える分、「その装いに最適な靴」は実は常に別で、いわば二番手に控えてくれるような存在です。だから長期出張や装いに多少変化をつけたい時にこそ、この靴は大きな役割を果たします。

6-5 甲周りが対称的なコブラヴァンプ／ビットモカシン

コインローファーの変化球とも言える2足を、ここではまとめて紹介します。シンプルに徹したものと煌《きら》びやかなもの、どちらも履く側に相応のセンスが求められます。

コブラヴァンプ

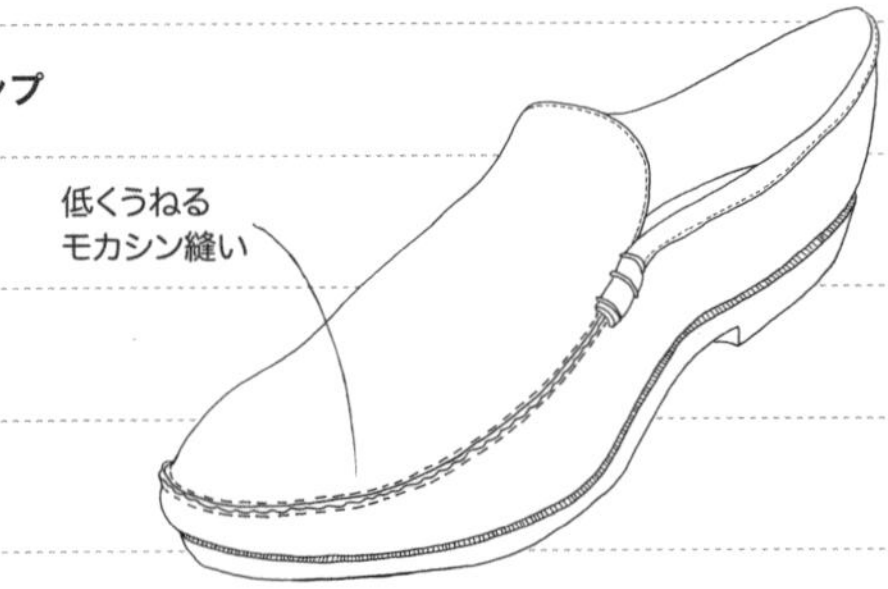

ビットモカシン

シンプルながら勇壮な コブラヴァンプ

甲周りの飾りがモカシン縫いのみのスリッポンを海外ではヴェネシャン、日本ではその形状からヴァンプモカシンと呼びます。中でも右ページ上の絵のように、爪先から甲にかけての造形がまるで大蛇の頭のようにうねるものを、特にコブラヴァンプと称します。

アメリカの靴ブランド、FLORSHEIMのものが大変有名で、コインローファーと同じく１９５０年代後半～１９６０年代中盤にアメリカの若者に愛された靴です。ただ、トップライン（履き口）の位置が高く、前半分の形状も手伝い素朴で武骨な印象が全面に出ます。また、指周りが横方向に余裕のあるデザインなので、相性の良し悪しがはっきり分かれる傾向が強いスリッポンにあって、この靴は例外的に合う足の許容範囲が広いです。

アメリカ的要素の濃いカジュアルシューズなので、装いもボタンダウンシャツやチノーズなどとの相性は当然抜群です。またスーツであっても、コットンを主素材に用いた軽快な春夏向けのものとは不思議と似合います。

靴好きなら一度は熱を上げる ビットモカシン

ビットモカシンとは、右ページ下の絵のように甲に馬具の轡《くつわ》はみ（ホースビット）を模した金属飾りが付いたスリッポンのことです。他社からも類似のものが数多く出ていますが、元祖であるイタリアのラグジュアリーブランド、GUCCIのものが突出して有名で、第二次大戦での惨敗からイタリアが立ち直り始めた１９５３年に登場しました。

スタイルは当時、アメリカの大学生を中心に人気の出始めたコインローファーをベースにしたもの。甲の金属飾りで贅沢さを漂わせることで、いわばローファー卒業生の受け皿として売り出し、一種のステータスシンボル的存在として同社の大黒柱に育て上げました。それまでは相反する価値観だった「豪華さ」と「気楽さ」とが、第二次大戦以降急速に接近・交錯し出すのを象徴する存在とも言えます。

アッパーと服の色とを合わせたり対比させるだけでなく、金属飾りの色を、身に着けるほかの金属の色と統一させるか近づけ、ギラつきを中和させると、「贅沢」を「下品」にせずに済みます。

6-6 我が国では履く場が少ないオペラパンプス／アルバートスリッパ

その風貌から、使い方を知らないと婦人靴と誤解されかねない2足のスリッポンです。近年では本来の目的とは異なる履き方をされている場合も目に付くのですが……。

オペラパンプス

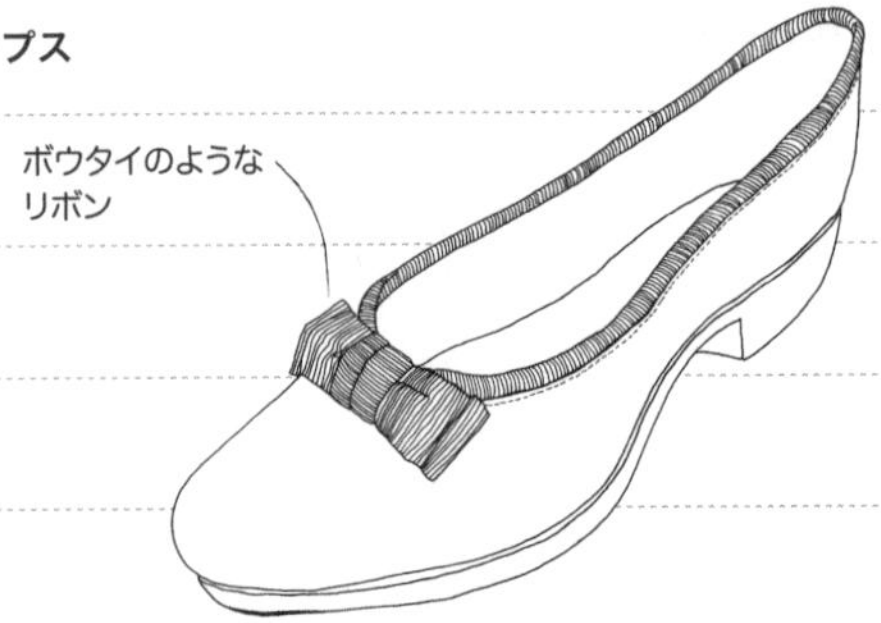

アルバートスリッパ

れっきとした紳士靴の オペラパンプス

パンプスとはトップラインの高さが浅めで甲周りのそれが爪先に向かってえぐれるスリッポンの総称。中でも右ページ上の絵のように、甲の中心にリボン飾りが付き、それと同素材のテープが履き口全体を包んだものをオペラパンプスと呼びます。その名の通りオペラ観劇や舞踏会・晩餐会用の礼装靴として、それまでの宮廷の室内履きをもとに19世紀中頃にヨーロッパで登場したものです。

色はもっぱら黒、それもパテントレザーのものがより本流とされています。靴クリームを用いなくても光沢が永続するため、舞踏会などで女性のドレスの裾を汚さずに済むからです。リボン飾りもテープも黒シルクが大原則。

現在では婦人靴の範疇であるパンプスの中で、ほぼ唯一生き残ったメンズであり、燕尾服やタキシード姿の足元はこれが理想です。が、特に前者は国際的にも着る場が極端に減っていることもあり、この靴も本来の目的では使われなくなりつつあります。多くの日本人男性にとって、履ける機会はもはや自らの結婚式の披露宴のみ？

本来は室内履きの アルバートスリッパ

右ページ下の絵のように、アルバートスリッパは甲に刺繍が施されるのが特徴です。19世紀中・後半のイギリス絶頂期を統治したヴィクトリア女王の夫君、アルバート公が愛用した履物の一つだったためその名が付いたようで、アッパーには革ではなくベルベット生地が多く用いられることから、ベルベットスリッパとの別名もあります。

「スリッパ」なる言葉の響きからお察しの通り、この靴は本来室内履き。貴族のお屋敷の中で主が気軽に履くことを目的に、イギリスで18世紀末頃に誕生したようです。ベルベットは必ずしも黒とは限らず、紺や緑それにバーガンディーなど鮮やかに映える色を用いることが多く、ライニングにも革ではなく赤や緑のキルティング素材を用いるのが定石です。

甲の刺繍には本来、持ち主のモノグラム（イニシャル）や家の紋章に採用している動植物などがあしらわれます。ただ近年ではキツネや鳥、それに王冠のような出来合いのモチーフで済ませている場合がほとんどです。

6-7 使い方で自ずと決まるブーツの「丈」

靴の世界ではアッパーが踝を覆うものをブーツと呼んで、一般的なシューズ＝短靴とは区別します。スタイルごとに歴史的起源や用途に裏打ちされた「最適な丈」が存在します。

ブーツの丈一覧

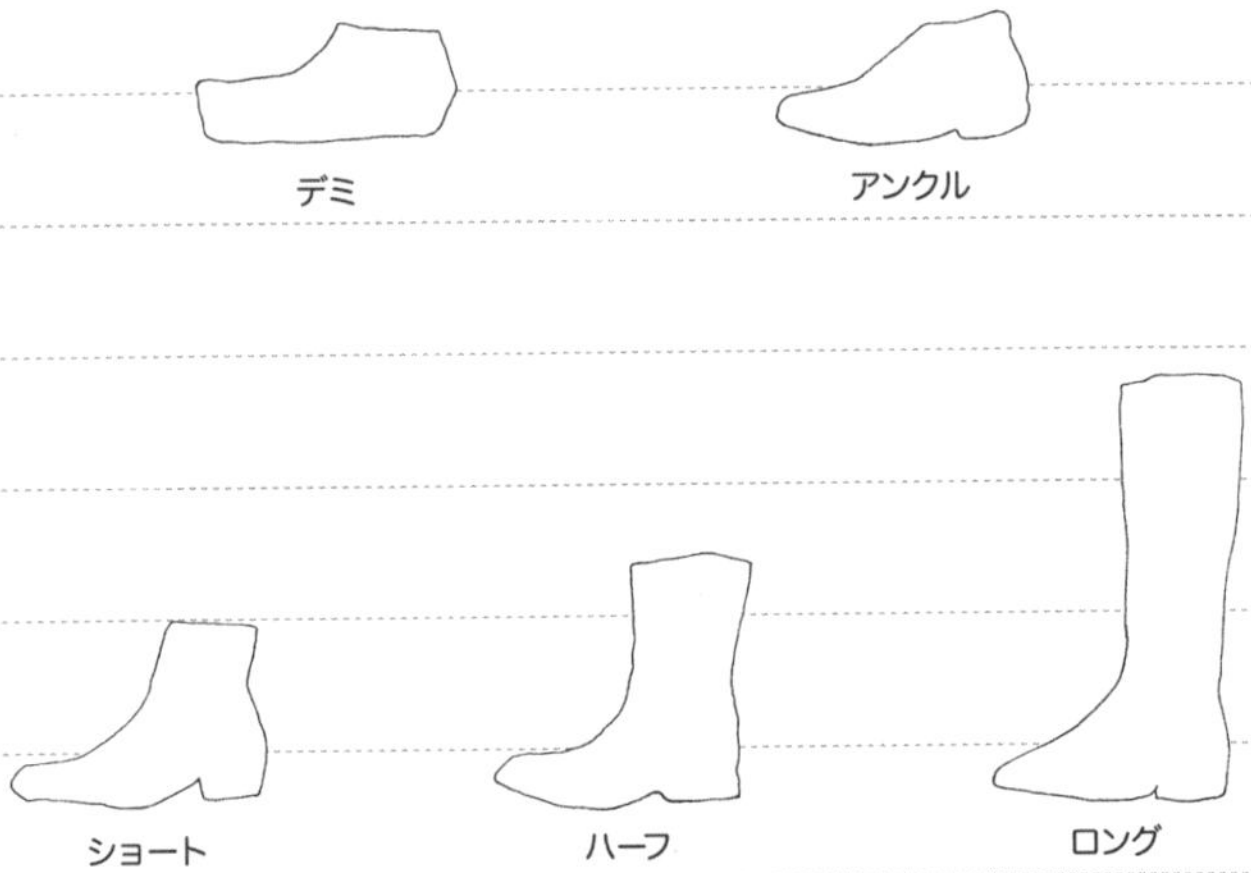

見栄えにも大きく影響するこの「ブーツの丈」は、ヒールの高さと同様に男性よりも女性のほうがはるかに関心は高く、秋になると婦人靴の世界では流行の丈が常に話題の中心です。しかし男性にももっと興味を持っていただきたい領域です。カジュアル用も含め例を挙げつつ、短いものから順に並べると、大まかには以下のようになり、具体的には「アンクル丈」「ハーフ丈」のような用い方をします。また、丈を数値で示した「6インチ丈」「13インチ丈」のような表現も、ワークブーツではしばしば行われます。

デミブーツ

踝を覆うか覆わないか程度の丈のもの。ローカットのワラビーなど。

アンクルブーツ（ブーティ）

踝が隠れる丈のもの。チャッカブーツやデザートブーツなど今日のメンズブーツの主流です。

ショートブーツ

踝より上の足首が若干隠れる丈のもの。ジョージブーツ、ジョッパーブーツなど。

ハーフブーツ

下腿部の半分程度を隠せる丈のもの。カウボーイブーツなど。

ロングブーツ

膝下あたりまで隠せる丈のもの。ライディングブーツなど。

オーバーニーブーツ

膝より上まで隠せるもの。釣りの際に用いるウェーダーズなど。

6-8 ドレスブーツ入門に最適な チャッカブーツ／ジョージブーツ

現在見られる紐靴のブーツの大半は、いわゆる外羽根式のもの。その代表例を2足見ていきます。一見うり二つのブーツですが、どこが異なるかわかりますか？

チャッカブーツ

(口絵3ページ参照)

鳩目は

ジョージブーツ

鳩目は必ず3対
チャッカブーツより丈長

おとなしく合わせやすいチャッカブーツ

右ページ上の絵のようなものが、典型的なチャッカブーツです。足首部にある2対もしくは3対の鳩目に靴紐を通して締め上げるアンクル丈のもので、ポロ競技で19世紀末頃に用いられていたブーツが起源と言われています。名前の由来もこの競技の1ラウンドを示す"Chukker"からで、プレーントウのあっさりしたスタイルとなる場合がほとんどです。

鳩目が少ないので脱ぎ履きが容易で、踝が覆われるがゆえの安心感も備わっているせいか、メンズのブーツの中では常に安定した人気を保っています。さすがにダークスーツ姿にはあまり縁がないものの、履く場や合わせる服をあまり選ばないのも特徴です。

用いられるアッパーも一般的な牛革だけでなく、スエードやヌバックなどの起毛革やオイルドレザー、それにコードヴァンなども多く見られます。特に起毛革を用いたものでは、「ソフトな足あたり」を最大限に味わえるよう、爪先より前もしくは全体をライニングなしとしたものもしばしば見受けられます。

軍靴起源のジョージブーツ

ジョージブーツとは右ページ下の絵のようなもので、近代化する戦闘様式に対応すべく、それまで用いられていたロングブーツに代わり、1952年に英国国王・ジョージ6世の進言で陸軍将校向けに開発されたブーツが起源です。やがて警官などの他の公務のみならず、民間にも用途が広がっていきました。

チャッカブーツと酷似するものの、こちらは鳩目が必ず3対でその位置も高く、丈もアンクル〜ショート丈とそれより少し長いため、よりスマートに見えます。外羽根の切り返しのデザインは縦長で、鐙《あぶみ》に足を固定しやすいよう本格仕様のものはヒールも高めに仕上げるのが特徴です。アッパーも軍隊起源らしく、色は黒や茶の牛革の頑丈なものと相場は決まっています。

ただ実際には、このジョージブーツとチャッカブーツとを著名な靴メーカーでも混用している事例がほとんどです。両者を生んだイギリスのメーカーであっても、現状ではあまり厳密な区別は行われていないようです。

6-9 乗馬以外でも活躍するジョッパーブーツ／サイドゴアブーツ

足首部を靴紐以外のもので固定する2足です。起源は全く異なれど、今日これらが最も重宝するのはともに乗馬の時でしょう。もちろん、それ以外の場でも大活躍できます！

ジョッパーブーツ

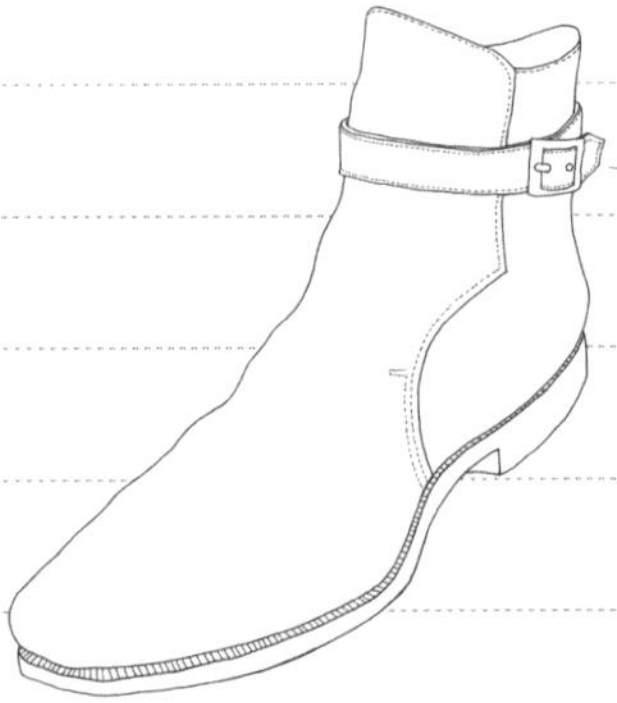

サイドゴアブーツ

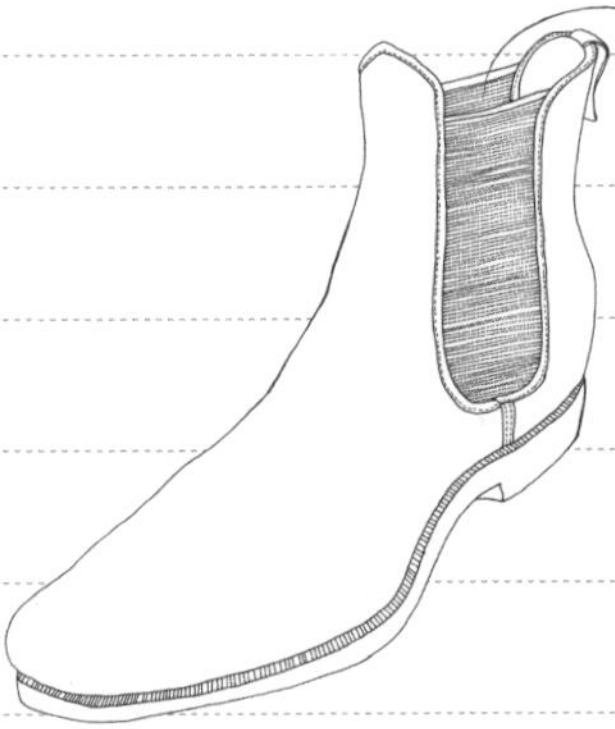

ストラップが馬具を想起させるジョッパーブーツ

ジョッパーブーツとは右ページ上の絵のように、足首部にストラップを巻き付け外踝側にあるバックルで固定するショート丈のブーツのことです。インド北西部の都市が名の由来で、ここが英国の植民地だった19世紀末、現地の人々のズボンを基に騎馬部隊用に開発された乗馬用長ズボン、すなわち「ジョッパーズ」に合わせるブーツとして作られたようです。

激しい乗馬では細い靴紐は切れたり障害となる危険が高く、不快な小石や埃が入らないよう履き口を狭く閉じるためにもストラップとバックルでの固定が選ばれたのです。ストラップは後ろに引きバックルに収める「外巻き」仕様が大半ですが、前に引く「内巻き」仕様も稀に見られます。

乗馬以外にも用途が広がったのは1930年代以降です。ただストラップが馬具を想起させることもあり、類似の起源を持つ服と合わせると自然にまとまります。カウボーイ御用達のデニム、腰ポケットが斜めに付いたジャケット、かつては雨天騎乗用に多用されたゴム引きコート等々……。

快適ゆえに用途が拡大したサイドゴアブーツ

サイドゴアブーツとはその名の通り、右ページ下の絵のように足の内外双方の踝の周辺にゴア＝ゴム生地製のマチが施されたアンクル丈からショート丈のブーツを指します。ロンドンの靴店がヴィクトリア女王のために1830年代中盤に開発したもので、夫君であるアルバート公も議会登院時に用い始めたことから、まず礼装用の紳士靴として認知が広がります。

一方、踝周りを隙間なく覆える特性から、第一次大戦後は乗馬にも使われ始め、そのため「ジョッパーブーツ」の名も混用されるようになります。1960年代にはいわゆる「スウィンギングロンドン」を代表する靴として再評価され、その中心地にちなみ「チェルシーブーツ」の名でも知られるようになりました。

一時代前のカジュアルがフォーマルに昇格する服飾史の常の中、その逆を歩んだ稀有な存在です。ゆえに合わせる服もあまり選ばず、脱ぎ履きが楽でフィット感も容易に得られるので、一度履き慣れると他のスタイルに浮気しない・できなくなる方が多いブーツです。

6-10 忘れてはいけないウェリントンブーツ／ボタンアップブーツ

いずれも今日ではほとんど見なくなったブーツです。しかし、紳士靴の歴史では忘れてはならない存在であり、モードの世界では、これらをアレンジしたものが時折話題になります。

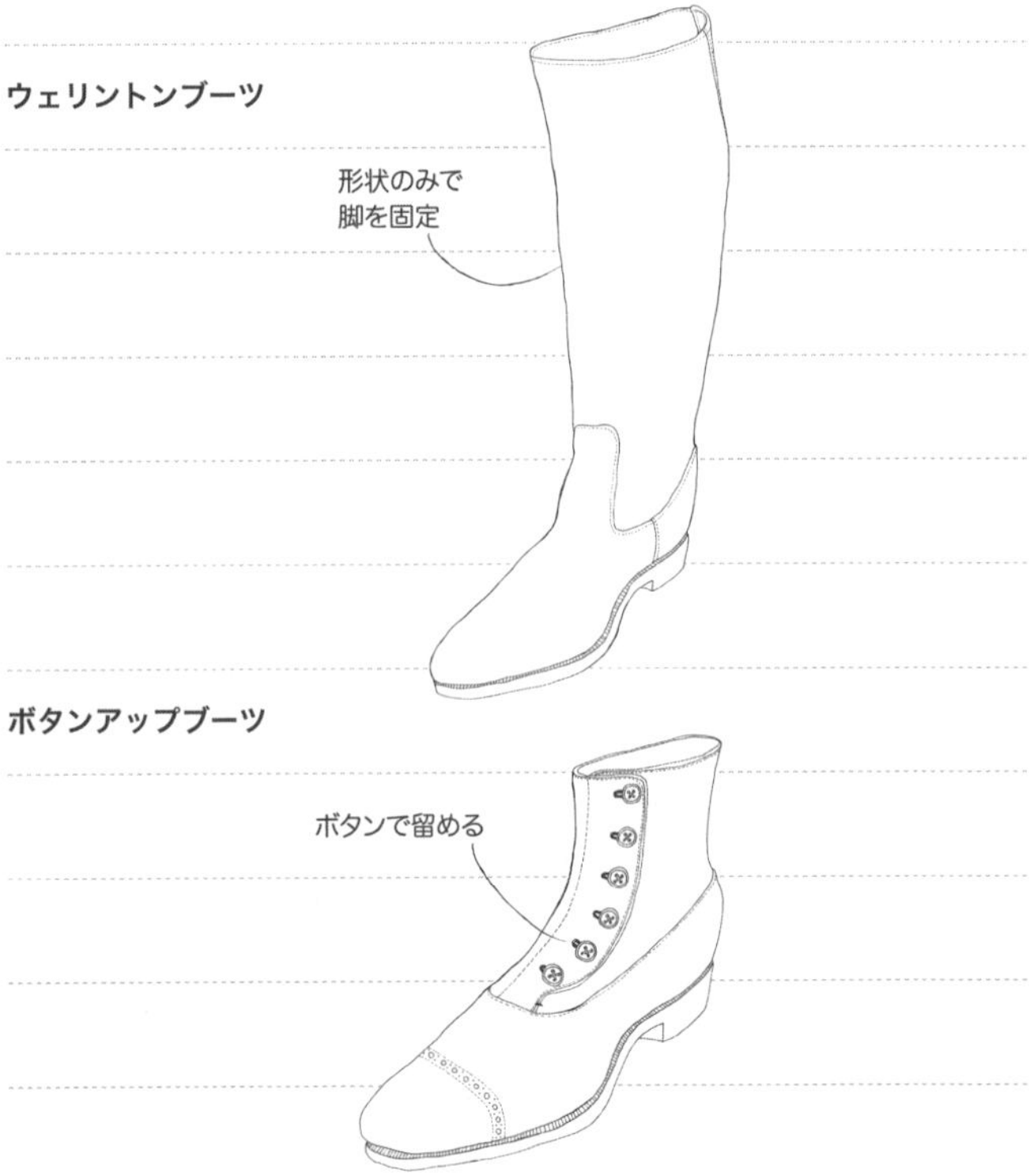

今日のブーツの原点である ウェリントンブーツ

右ページ上の絵のように、ウェリントンブーツは靴紐やストラップを用いずに形状のみで足と脚に固定させる単純な構造が最大の特徴です。その名は19世紀前半を代表する英国の名将・ウェリントン公に由来します。１８１５年のワーテルローの戦いで、ナポレオン率いるフランス軍をイギリス・オランダ連合軍とプロシア軍が撃ち破った際、彼が履いていたのがこのブーツの原型です。

タッセルのような飾りが全く付かなかったり、履き口に傾斜のつかないスタイルは、当時のブーツとしては大変斬新なもので、19世紀中盤にイギリス軍が騎馬部隊向けに採用したことで次第に広まっていきました。現在の主流はハーフ丈ですが、より本格的なものは膝下までのロング丈です。

革製のものは今日、英国式乗馬などで用いられる以外は活動の場がほとんどないのが実情です。が、近年急速に人気が復活したゴム製のレインブーツは、間違いなくこれを起源としたもの。過酷な使用条件に耐え得る骨格は、素材が変われど確実に遺伝しているのです。

伝統的美意識が結晶化した ボタンアップブーツ

右ページ下の絵の通り、まるでジャケットやシャツのようにボタンを掛けることで甲から足首を固定するものをボタンアップブーツと称します。アンクル丈からショート丈が主流で、１８３０年代後半に登場し20世紀初頭まで欧米で絶大な人気を集めました。

足首をどう美しく隠すかが考え抜かれた、本来の意味での「エレガンス」を体現したブーツです。素肌を露出するのを良しとしない欧州の伝統的美意識では、結び方が肋骨を想起させる紐靴は、内羽根式でも当時はこれより格下と見なされました。丈もその頃の都会には最適で、礼装用にも問題なく用いられ、使う場に応じ甲の上と下とで素材や色を変えて仕立てるのが好まれました。ボタンに凝る人も多かったようです。

しかし微調整の難しさと履く時の面倒さが災いし、また機械での大量生産が難しい構造のため、第一次大戦後には次第に隠居生活に入り「グランパブーツ」の名でも呼ばれるようになります。本格的なものを製造できるメーカーは今日、もはや世界的にもごくわずかです。

第２部 カッコ良く履きこなしたい人のために

7. 「作りかた」次第で、見栄えも履き心地も激変します！

この章では、靴の履き心地や耐用年数に大きく関係する、靴の底付け・製法についてお話をします。代表的な５系統に大まかに分けた上で、断面図を示しながら、さらに細かく分類していきますが、その枝分かれはすなわち、足と靴に対する考え方の多様性をそのまま示しているとも言え、大変興味深いものがあります。機械化に伴い、ある製法をリファインさせたものや、ある製法と別の製法を組み合わせたようなものも当然ながら存在するわけです。なお、あらかじめお断り申し上げておきますが、これらの製法に絶対的な優劣は存在しません。各製法には長所も短所もあるので、それらを踏まえた上で適材適所的に靴選びの参考にするのがベストでしょう。

なお、用語については２章もご参照ください。

7-1 まずは今、履いている靴をチェック！

いきなり製法とか底付け方法とか言われても、正直全くわからない方もいらっしゃると思いますので、大まかな見分け方をチャートにまとめてみました。作られ方の違いは、つまり靴の性格の違いです。今履かれている靴は、はたしてどの系統でしょうか？

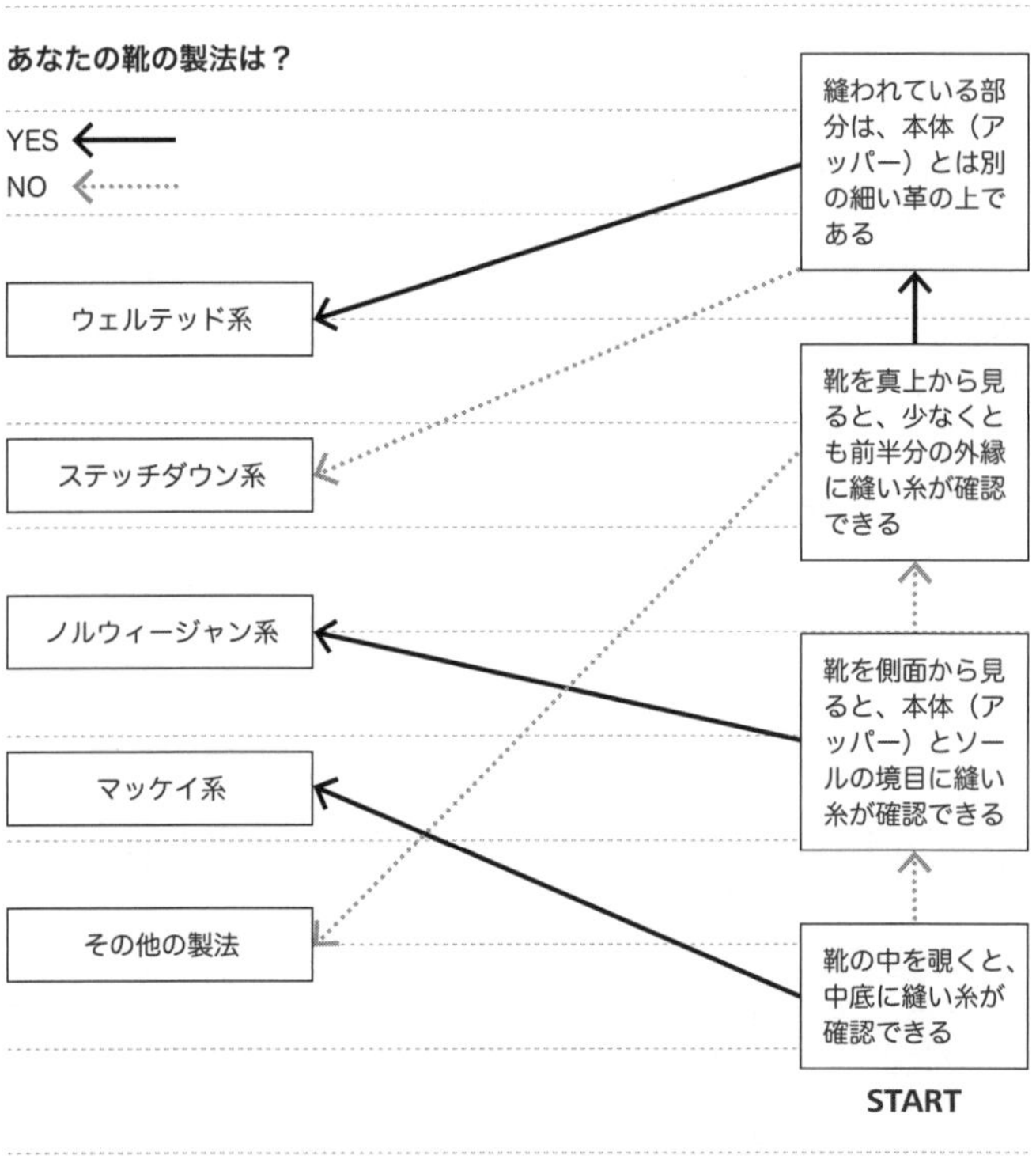

あなたの靴の製法は？
YES
NO
縫われている部分は、本体（アッパー）とは別の細い革の上である
靴を真上から見ると、少なくとも前半分の外縁に縫い糸が確認できる
靴を側面から見ると、本体（アッパー）とソールの境目に縫い糸が確認できる
靴の中を覗くと、中底に縫い糸が確認できる
START
ウェルテッド系
ステッチダウン系
ノルウィージャン系
マッケイ系
その他の製法

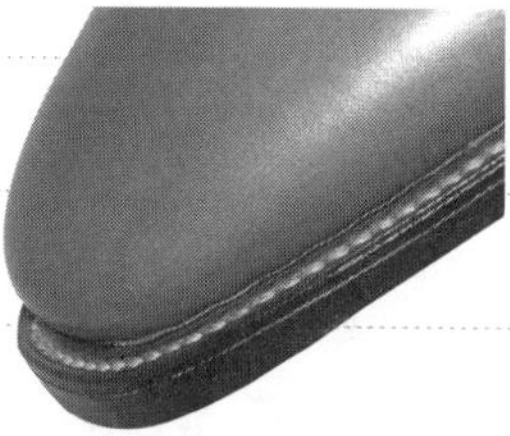

ウェルテッド系

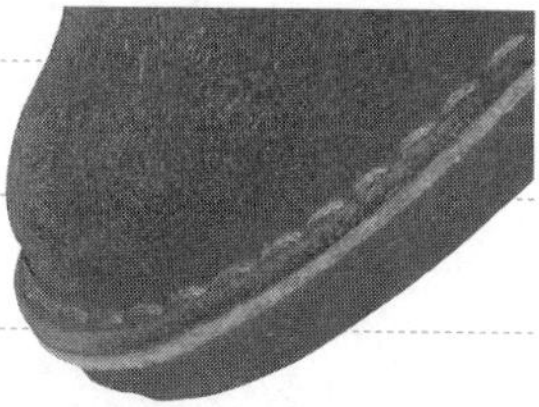

ステッチダウン系

ノルウィージャン系

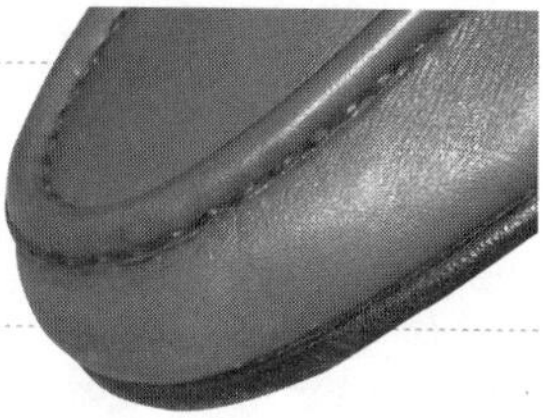

マッケイ系

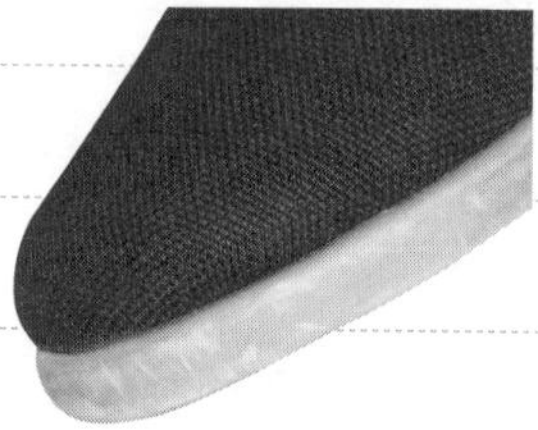

その他の製法

7-2 コバに載る「細い革」が肝心なウェルテッド系

コバに「ウェルト」と称する細い革を介在させた上で、アッパー、インソール、アウトソールとを縫い合わせる製法です。機械化の度合いに応じ、2もしくは3種類に大別します。

A ハンドソーン・ウェルテッド

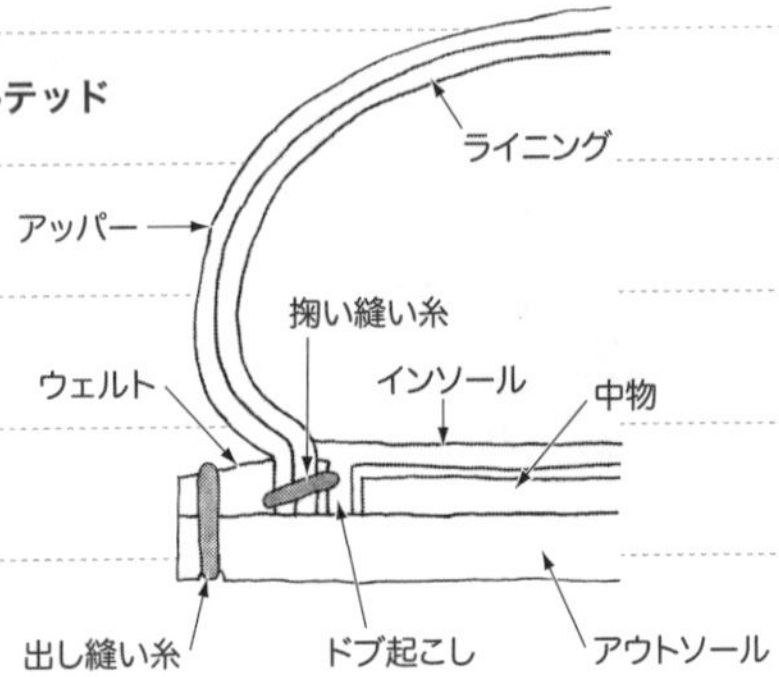

B グッドイヤー・ウェルテッド

（口絵8ページ参照）

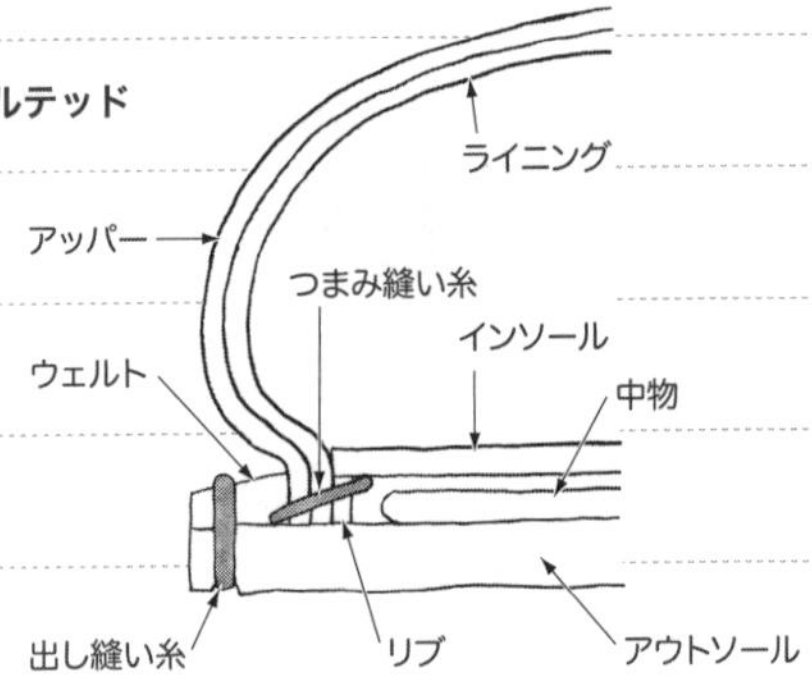

A ハンドソーン・ウェルテッド製法

あらかじめインソール底部の周囲に、「ドブ」と呼ばれる棒状の突起を削り起こし、これとアッパー、ライニング、ウェルトとを、まず手で縫い合わせます（掬《すく》い縫い）。インソール底部に革、フエルト、コルクなどの中物を入れた上で、コバでウェルトとアウトソールとを縫い合わせて（出し縫い）完成させる底付けです。

今日でもベビー靴やバレエシューズなどに用いる底付け方法を改良し、15世紀終盤にドイツで完成しました。気候上厚めのソールが不可欠な欧州北部を中心に16世紀以降一気に広まり、今日でも手で底付けをする際の代表的な製法です。出し縫いを機械で行うものを「九分仕立て」、手で縫うものを「十分仕立て」と呼び区別する場合もあります。

堅牢さ・履き心地の良さ・適度な軽さを高次元に追求でき、対応できるスタイルも多岐にわたります。出し縫いさえ解けばアッパーに影響を与えずアウトソール交換が可能なため、長期使用も可能です。ただし完成には時間と手間が多大に掛かるため、現在では誂え靴クラスの製品にしか見ることができません。

B グッドイヤー・ウェルテッド製法

Aとの違いは、あらかじめインソール底部の周囲に、ドブの代わりに布製テープ（リブ）を接着し、これとアッパー、ライニング、ウェルトとを、まず機械で縫い合わせる（つまみ縫い）点にあります。出し縫いもミシンで行います。

Aの製法を基に1874年から79年にかけて、当時靴需要が非常に旺盛だったアメリカでチャールズ・グッドイヤーJr.が考案したものです。特につまみ縫いに、その頃進歩が著しかったロックステッチミシンを応用できたため、工場で機械を多用した靴作りの道を切り開いた製法でもあります。

リブを付ける都合上、インソールを薄く＝中物を厚くする必要があり、その分**A**に比べ重く履き心地もやや硬くなります。ただ安定性や堅牢性、それにソール交換の容易さは変わりなく、価格もそれより抑えることが可能です。今日では生誕地アメリカ以上に、イギリスの既製靴を代表する製法として知られ、伝統的な顔立ちを持った靴との相性に優れています。歩行量が多い人向きの底付けで、持ち主の足型にじっくり馴染んでいくのも特徴です。

7-3　曲がりに優れたステッチダウン系

コバの部分でアッパーの端を外側に曲げた状態で、アウトソールと縫い付ける系統の製法です。その力学的な特性から、特に屈曲性に優れた靴に仕立てることが可能です。

C ステッチダウン

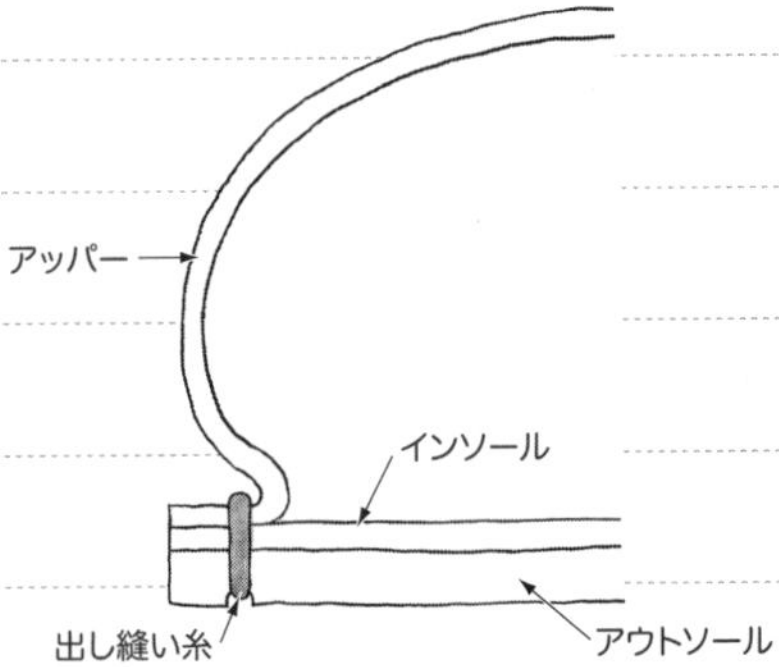

D ヴェルドショーン

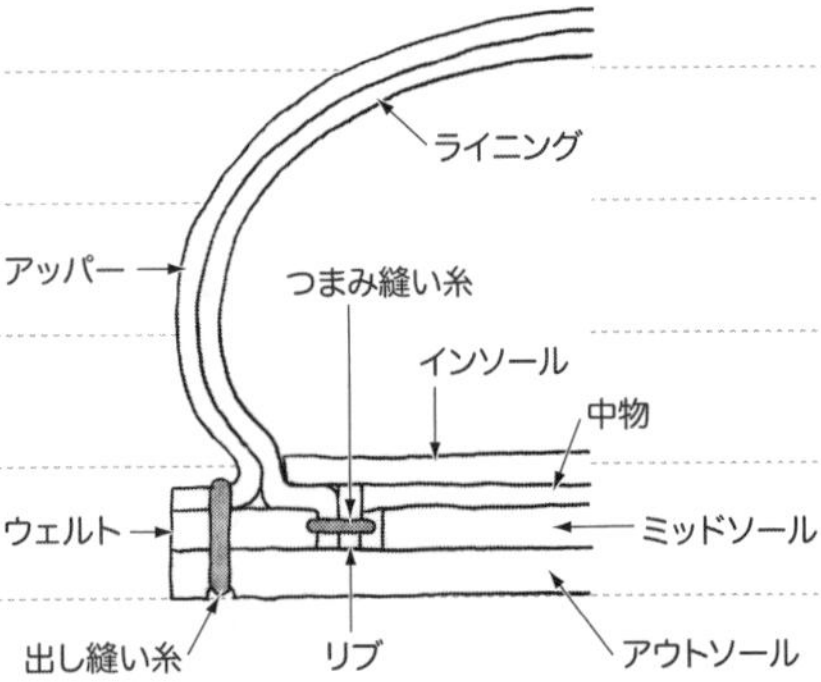

C ステッチダウン製法

外側に向けたアッパー、ライニングの端部を、コバでインソール、アウトソールと一気に出し縫いして完成させる製法です。アウトソールの曲がりに優れ、軽量でしかも構造も簡単なので、**O**が広まる以前は子供靴の代表的な製法でした。**D**の名で呼ばれる場合もあります。

今日の代表作はデザートブーツで、この靴を創造したメーカーであるイギリスのクラークスが、それまでの室内用スリッパの製法を応用し、1850年代にミシンによるこの底付け方法を考案したと言われています。これは靴作りの機械化では黎明期にあたるものです。

構造上アッパーの「浮つき」が出やすい弱点を解消するため、コバでアッパー端部の上にウェルトをかぶせた後で出し縫いするものもあり、その場合は**B**と区別がつきにくくなります。また見栄えを良くすべく、アッパーの端部を内側に折り込んだ上で出し縫いを行うと、「サン・クリスピーノ製法」の名でこれとは区別する場合もあります。今日ではこちらのほうが、室内用スリッパの製法としておなじみです。

D ヴェルドショーン製法

あらかじめインソール底部の周囲にリブを接着し、これとライニングとウェルトとを、まず機械でつまみ縫いします。さらに外側に向けたアッパーの端部を、コバでウェルト、アウトソールと機械で出し縫いして完成させる底付け方法です。

語源は南アフリカ共和国で話されるアフリカーンス語で「草原の靴」を意味する"Veldtskoen"で、文字通りその土地に入植したオランダ系住民が農作業時に着用した靴の底付け方法にヒントを得たものです。発音の違いで「ヴェルシャン」とか「ヴェルトスクーン」とも、またウェルトを完全に隠してしまうことから「ヒドゥン・ウェルテッド製法」と呼ばれる場合もあります。

Cの屈曲性と**B**の堅牢さを兼ね備えるため、特にイギリスの靴メーカーでは長い間軍靴、とりわけ歩兵用の戦闘靴の底付け方法として技術的にも非常に重要な地位を占めていました。これを今日でも製造可能な既製靴メーカーは、すなわち過去に軍靴を英国政府に納めていた実績のある会社と考えていただいて結構で、現在でもカントリーシューズの製法として健在です。

7-4 側面の縫い目が特徴のノルウィージャン系

アッパーの側面に縫い目が確認できる、文字通りノルウェーが発祥と言われる製法です。ただし呼称は各メーカーで錯綜しており、厳密な定義を行いにくいのが現状です。

E ノルウィージャン

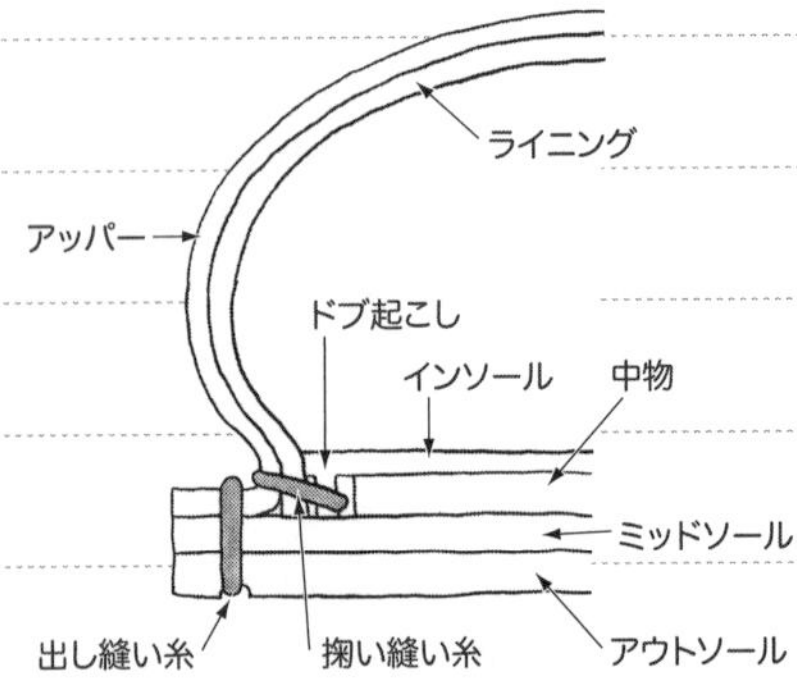

F ノルウィージャン・ウェルテッド

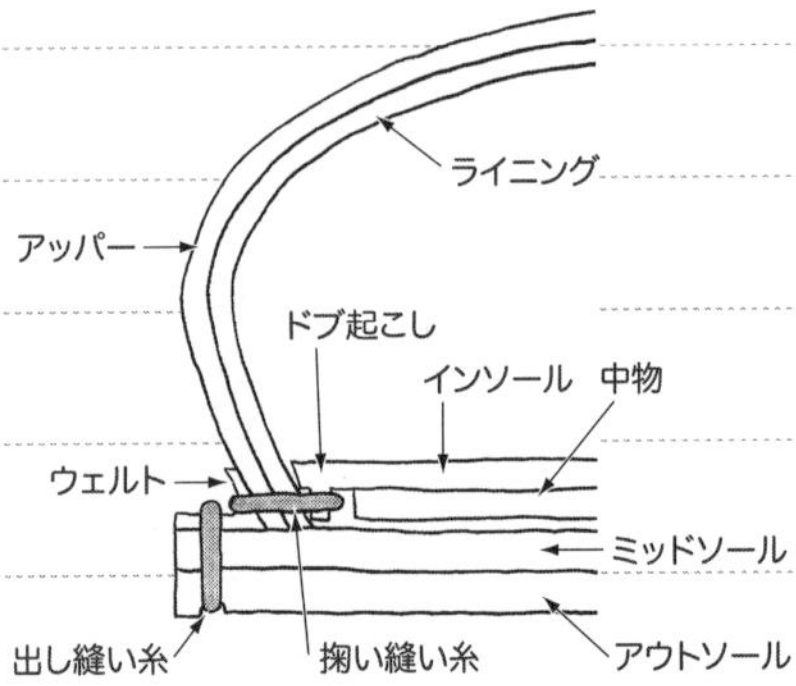

E ノルウィージャン製法

あらかじめインソール底部の周囲にドブを削り起こすかリブを取り付け、これとアッパー並びにライニングを、まずインソール周囲と平行に掬い縫いもしくはつまみ縫いします。さらに外側に向けたアッパー端部を、コバでアウトソールと出し縫いすることで完成させる製法です。すなわち**C**のアッパーに掬い縫いかつまみ縫いを、その側面で加えたものと考えていただいて構いません。

Cに比べ横ブレが少なくなる一方で、前後方向の屈曲性はしっかり備えることが可能なので、見た目に比べ柔らかな履き心地を得られるのが特徴です。連日の長時間歩行を前提とする靴に最適な製法で、例えば軍靴や中装備用登山靴に古くから用いられてきました。

ドレスシューズではあまり見かけませんが、元々は狩猟などのアウトドアスポーツ用に開発されたフランスやイタリアのものに、今日でも引き続き採用されている場合があります。また街中でも愛用する人が増えつつあるトレッキングブーツの底付けとしても、近年では見かける機会が多くなっています。

F ノルウィージャン・ウェルテッド製法

底部にドブを削り起こしたインソールを持つ**E**のコバに、L字形の断面を持つウェルトを載せ、そこで平行の掬い縫い並びに出し縫いを、どちらも手で行って完成させる製法です。つまり**A**のウェルトと掬い縫いを、靴の外部に完全に露出させた製法とも言えるものです。

ウェルトが靴の内部に潜り込まない状態でアッパーの端部を隠すことになるので、**A**と**E**の長所に高い防水性・防塵性がさらに加わり、製法上は最も頑丈な靴となります。本格的な用途に使われる際は、履き下ろす前やお手入れした後で、縫い目の上から松脂《まつやに》を塗ることでそれらをさらに完璧にします。

かつては革製のスキー靴や重装備用の登山靴の底付けとしてしばしば見られましたが、重さと工程の複雑さもあってか、現在では**A**と同様に注文靴クラスのものでしかお目にかかれません。街履きする靴としてはオーバースペックの感もありますが、南極点やエベレストに人類が最初に到達した時の靴は、恐らくこの製法で作られたはず。そう思うと、今後も残ることを願わずにはいられない底付けです。

G リバース・ウェルテッド

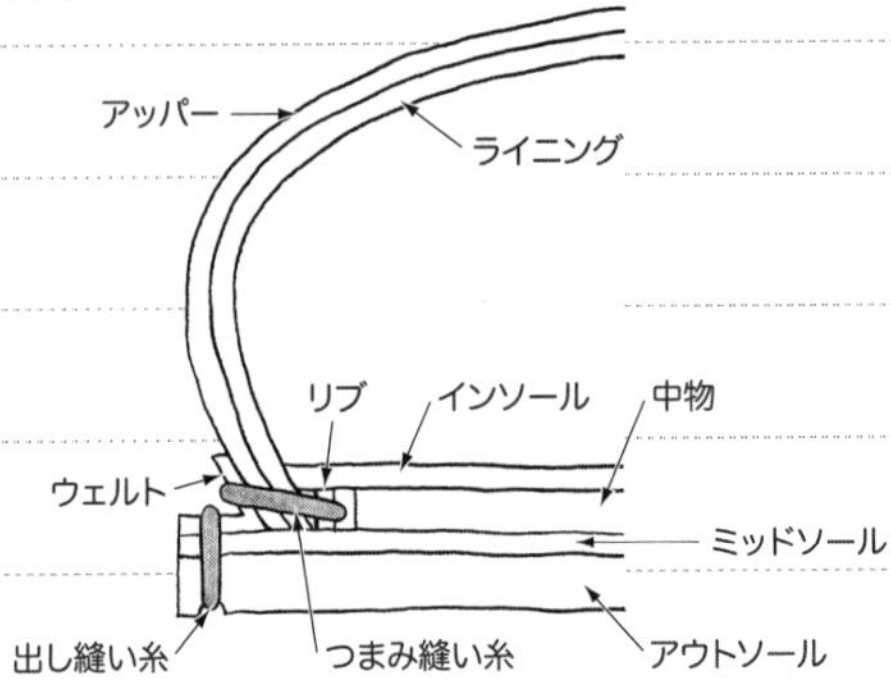

H ノルヴェジェーゼ

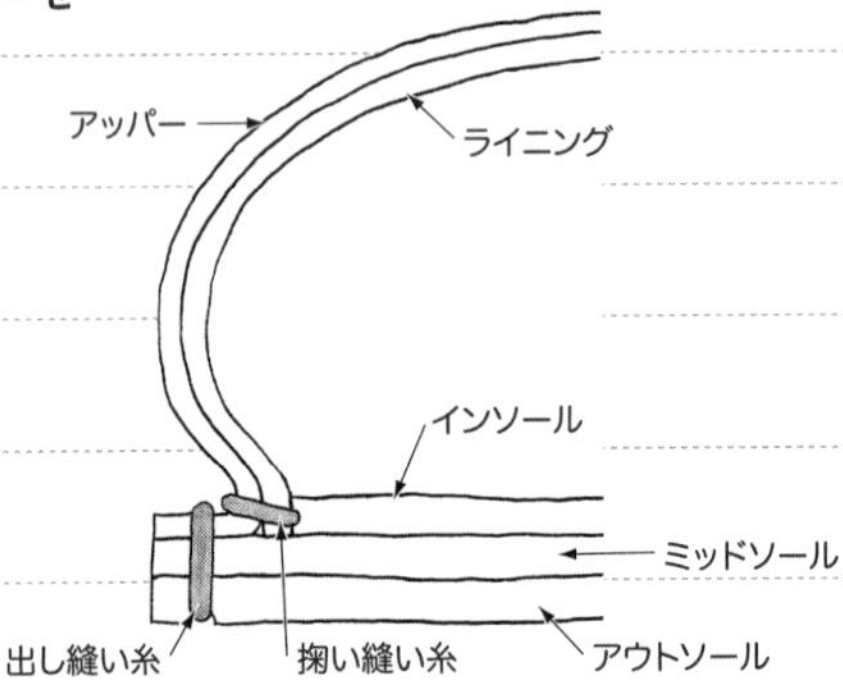

G リバース・ウェルテッド製法

Fとの違いは、あらかじめインソール底部の周囲に、ドブの代わりにリブを接着し、これとアッパー、ライニング、ウェルトとを、まずミシンでつまみ縫いする点にあります。**B**でウェルトとつまみ縫いを靴の外部に完全に露出させたものが、つまりこの製法となります。

　カントリー系の靴でしばしば見られる底付けで、製靴方法の機械化の進展に応じ、**B**と**F**とが掛け合わされたものだと考えていただいて結構です。「外縫い式グッドイヤー・ウェルテッド製法」と呼ばれる場合もあり、現在世間で**F**と呼ばれている靴の大抵は、実際にはこちらの製法を用いています。

　とは言っても構造自体は頑丈ですし、防水性や防塵性のレベルも**F**と同じく極めて高いので、その点はご安心を。なお、実際には**B**の製法を用いていながら、L字形のウェルトの側面にイミテーションのつまみ縫いを施した凝った仕様を持つ靴も中にはあるので、この形状のウェルトに側面縫いがあるから即この製法とも断言できず、そこがまた面白いところではあります。

H ノルヴェジェーゼ製法

Eとの違いは、インソール底部の周囲にドブは起こさず、直接その断面とアッパー、ライニングとを平行に掬い縫いする点です。インソールでこの縫い目の跡が鱗状に浮かび上がって見えるのも特徴です。L字形の断面を持つウェルトを載せ、そこで平行の掬い縫い並びに出し縫いを施す場合も見られます。

「ノルウェーの」を意味するイタリア語を語源とすることからもお察しの通り、この製法を創造したのも彼の国の職人のようです。ブランド名にも自らの名を冠したステファノ・ブランキーニ氏が、昔のスキーブーツをモチーフに**E**と**F**を簡略化して1990年代に考案したとされています。

　掬い縫いのチェーンステッチや二重三重の出し縫いも見た目上の大きな特徴ですが、実は構造上の必要性は極めて薄いです。とはいえ押し出しが強く華美な縫いの表情が功を奏し、この製法は1990年代末期から2000年代初めにファッション的に大変注目されました。いずれにせよイタリア靴の専売特許と言って過言でない意匠であり、他の国の靴ではあまり見られません。

7-5 軽快な履き心地のマッケイ系

中敷で隠される場合もありますが、靴の内側に底付けの縫い目が確認できる系統の製法です。地面の突き上げ感があり耐久性にはやや劣るものの、軽く返りの良い靴になります。

I マッケイ

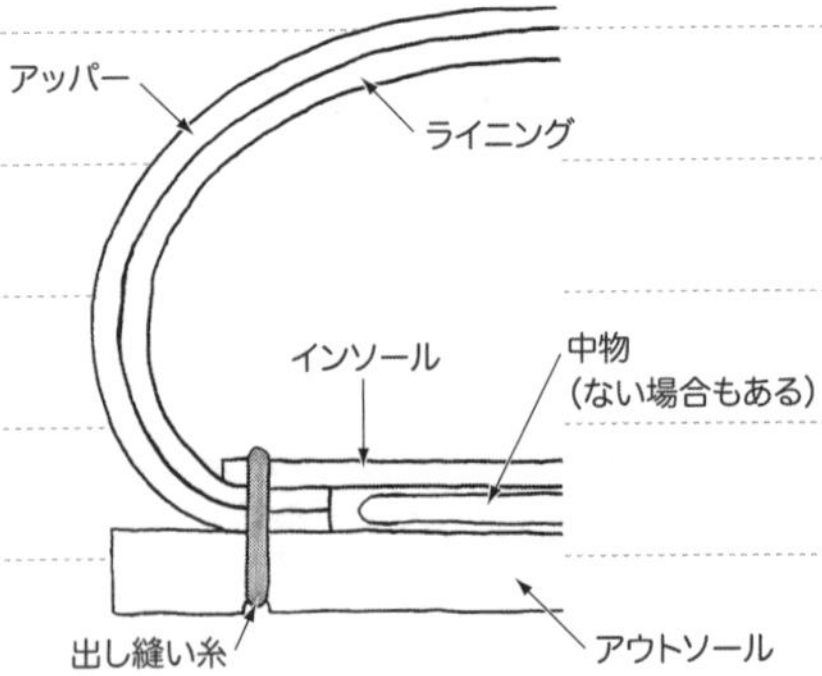

J モカシン

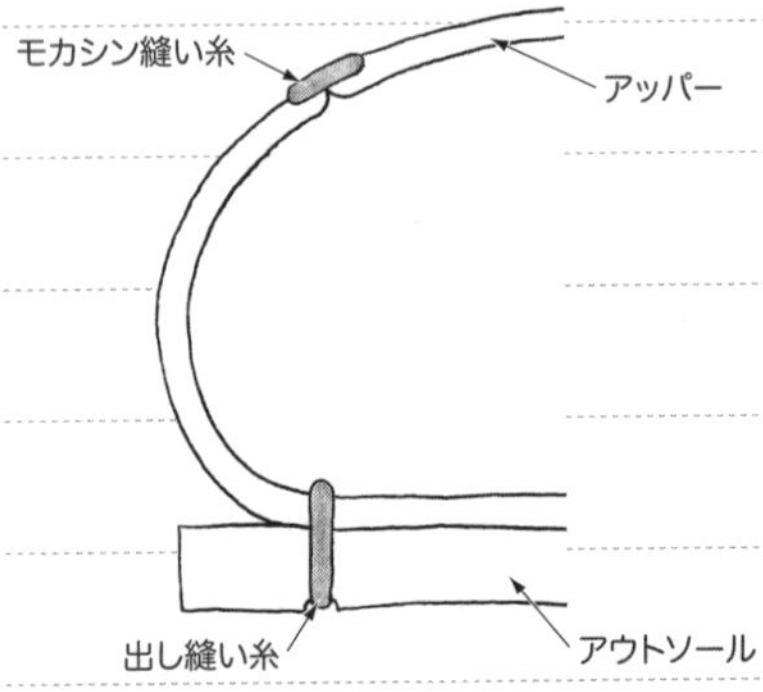

I マッケイ製法

アッパー、ライニング、インソールそれにアウトソールを、靴の内部で一気に出し縫いして完成させる製法です。縫いの構造のシンプルさはCに匹敵しますが、靴の外周を縫っていくそれとは対照的に、この底付けでは靴の中に縫い目がグルッと表れます。

まず1858年に、アメリカのライアン・ブレイクがチェーンステッチによるこの製法の機械化を考案し、その特許を同じくアメリカのゴードン・マッケイが取得した上でその機械を製品化しました。縫う方法はやがてロックステッチに改良されますが、そのような歴史的経緯もあり、この底付けはヨーロッパ大陸では前者の名にちなみ「ブレイク製法」と呼ばれ、日本とアメリカでは後者の名で呼ばれます。

出し縫いを全くかける必要がないコバは薄く・狭くすることが可能で、デザイン上の制約が少なく軽快な履き心地を得やすい製法でもあるせいか、現在ではラテンヨーロッパ、特にイタリア製の紳士靴の代名詞と捉えがちです。ただしこの製法が彼の国で盛んになったのは、実は第二次大戦後です。

J モカシン製法

まず足裏を包むようにU字状に配置したアッパーの甲より前の部分を、別のアッパーで蓋《ふた》をし両者を縫い合わせます。さらにアッパー下部とアウトソールとを、靴の内部で一気に出し縫いすることで完成させる製法です。

二つに分かれたアッパーの縫い合わせが、いわゆる「モカシン縫い」で、靴のデザインに応じて様々な種類の縫われ方が見られます。ネイティブアメリカン説やノルウェー先住民説など起源は諸説あるようですが、いずれも遡っていくと太古のモンゴロイドの履物に辿り着くとされ、靴としての最原点の一つであることは間違いない意匠です。

上から蓋をかぶせる構造上、デザイン面での制約が多い製法ですが、ライニングやインソールを付けなくても靴として完成できるため、この系統の中でも特に履き心地が軽やかに仕上がる傾向が強いです。コインローファーやビットモカシン、また近年ではドライビングシューズなど、素足で履くのも許されるようなカジュアル度の高い靴に用いられる場合が多いのもうなずけます。

K ボロネーゼ

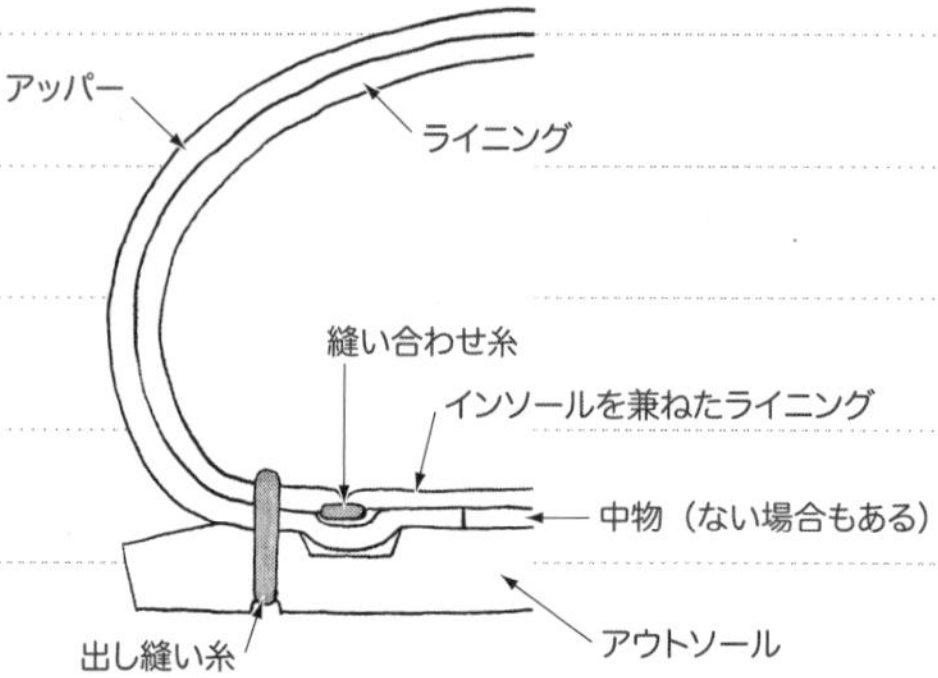

L ブラックラピド

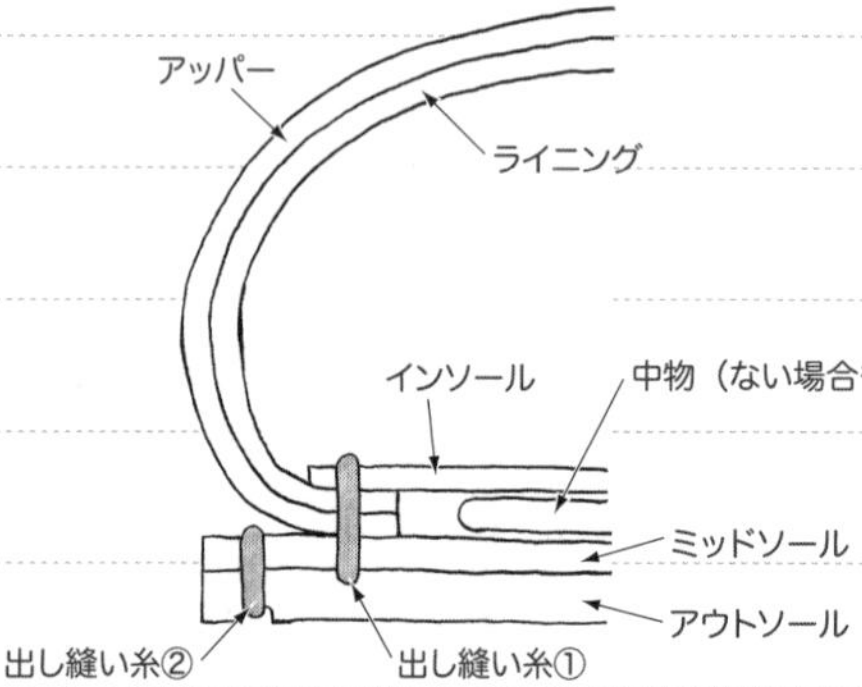

K ボロネーゼ製法

あらかじめ靴の前半分のライニングの上部を、同一素材で別パーツの底部と縫い付けて袋状とし、これにアッパーをかぶせます。さらにこれらと靴の後半分に付けたインソール、それにアウトソールとを靴の内部で一気に出し縫いして完成させる製法です。靴の中の前部を覗くと、「ライニングの縫い付け」と「出し縫い」の2種類の縫い目がグルッと確認できるのが特徴で、我が国では「インシームマッケイ製法」とも呼ばれます。

その名の通りイタリアのボローニャを起源とする底付け方法で、13世紀頃から存在した原型を**I**をベースに機械化し、第二次大戦後からイタリアの靴メーカーを中心に広まりました。見方によっては**J**の天地をひっくり返し、その欠点であるデザイン上の制約を取り除いた製法とも言えます。

前半分にはインソールが付かず、代わりを果たすライニングが足を靴下のように包み込む構造となるため、足当たりが非常に柔らかく密着度にも優れた靴に仕上がります。そのフィット感ゆえ「最も足音の立たない製法」との評もあるほどです。

L ブラックラピド製法

あらかじめアッパー、ライニング、インソールそしてミッドソールを、まず靴の内部で出し縫いします。さらにコバでミッドソールとアウトソールとをもう一度出し縫いすることで完成させる製法です。

Iのヨーロッパでの呼称である「ブレイク」と、速いを意味する"RAPID"を合わせてイタリア風に名付けられたもので、要は縫いを2回行う製法の中では一番早く靴に成形できることを意味したものです。ミッドソールに**B**におけるウェルトの役割を持たせた底付けであり、すなわち**B**と**I**とを交配したものと考えていただいて結構です。我が国ではその特徴からズバリ「マッケイグッド製法」とも呼ばれます。

ミッドソールが必ず入るのでやや重くなる傾向があるものの、**I**の軽快な履き心地と**B**の重厚な雰囲気を兼ね備えられ、また製造方法も**B**よりは簡単であるためか、イタリアの紳士靴を中心に、表情に少しだけ重厚感を与えたい場合に採用される傾向があります。中敷を工夫することで、一見**B**と区別できなくなる場合も多いので、ご購入時はご注意を!

7-6 その他にもいろいろとある製法

これらの3種類の製法は、アウトソールにゴムや合成皮革あるいはスポンジなどを用いた靴に多用されます。いずれも特徴を理解して履けば、有効に活用できるものばかりです。

M カリフォルニアプラット

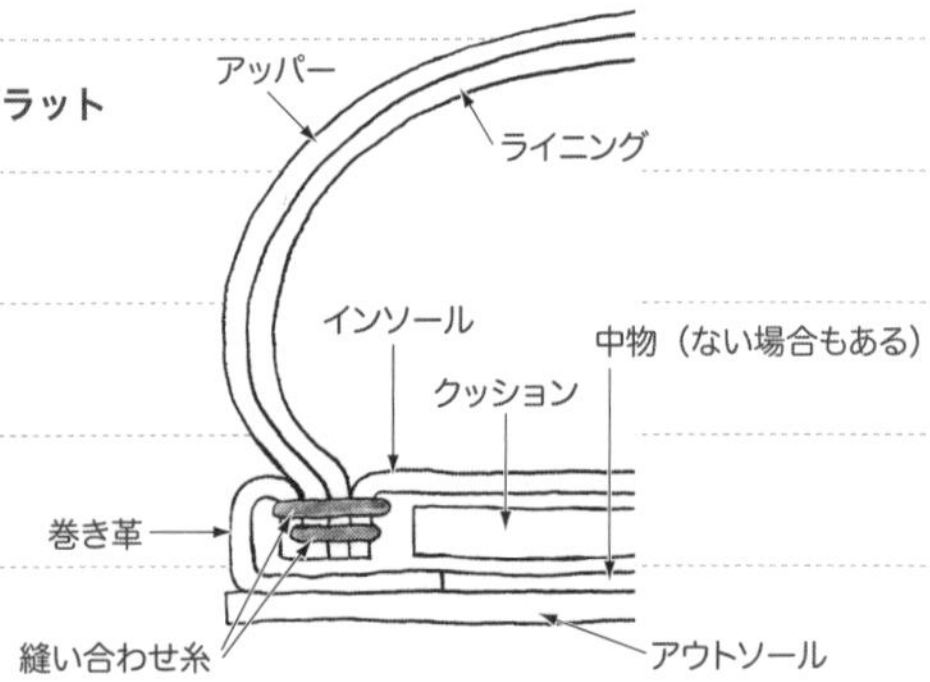

N ダイレクトバルカナイズ

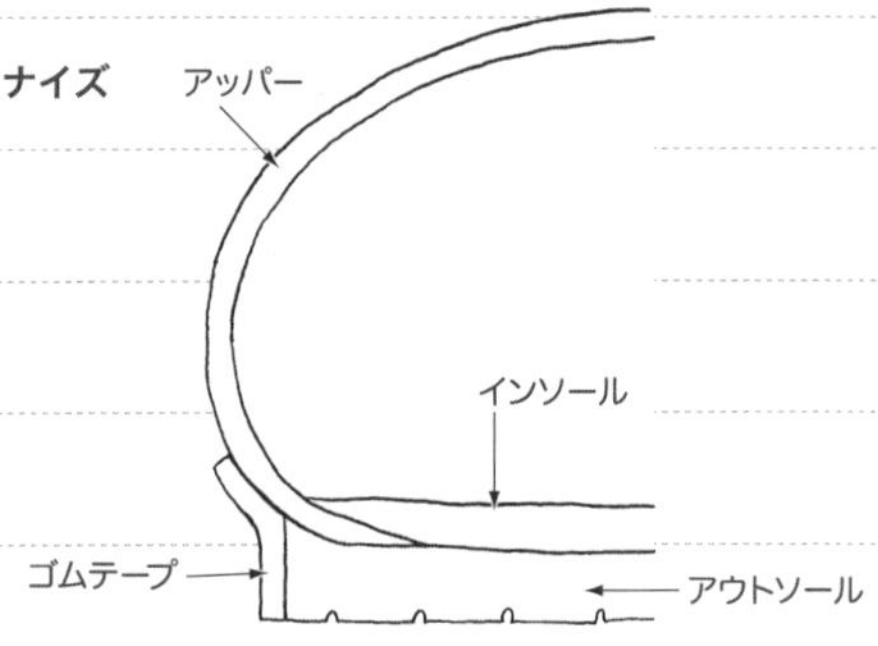

M カリフォルニアプラット製法

あらかじめアッパー、ライニング、インソールそれに巻き革を、それらの端部で袋状に縫い合わせます。さらに巻き革とインソールの間に一種のクッションを入れた上で、その底面でアウトソールを圧着して完成させる製法です。コバ面に出し縫いを施し底付けする場合もあります。

アメリカのカリフォルニア州で開発されたと言われ、クッションを内蔵することで底部を断面から覗くと、中央部に駅のプラットフォームのようなものがあることからその名が付きました。インソールと巻き革にはライニング並みの柔らかい素材を用いることが多く、またクッションもソフトなものが十分に入れられるため、足当たりに優れかつ弾力性に富んだ靴になります。

その特性を生かすべく、紳士靴ではウォーキングシューズ的な要素を加味したものに採用されるのが主流で、アッパーにも薄くて柔らかいものが用いられます。また婦人靴の場合は、ウェッジサンダルやナースシューズなど、厚めのクッション入りの底部がデザインとしてプラスになるものに多く見られます。

N ダイレクトバルカナイズ製法

まずアッパー、ライニング、インソールを、「モールド」と呼ばれる金型に据え付けます。その底部に生状態のゴムを流し込んだ後に熱と圧力を加え、さらには硫酸などを化合することで、弾力性のあるゴム製のアウトソールを成型すると同時に、それらも圧着して一気に靴まで完成させる製法です。底の周囲には補強用のゴムテープが巻かれる場合もあります。

靴に限らず、硫黄と熱でゴムを固める一連のプロセスを「加硫」と言って、これは1839年にアメリカのチャールズ・グッドイヤーが発見したものです。ちなみにBを発明したのは彼の息子であり、偶然にも親子二代にわたり靴作りの近代化に多大な功績を果たすことになりました。

この製法でできるゴムのアウトソールは剝がれる心配がなく、また耐水性も極めて高いため、紳士靴では例えば雪の中でも履けるのを主眼に置いたものに採用されます。その他にはキャンバススニーカーや安全靴の製法としてもおなじみですが、モールドの製作費が多額となることから、モデルチェンジを頻繁には行えないのが不利な点です。

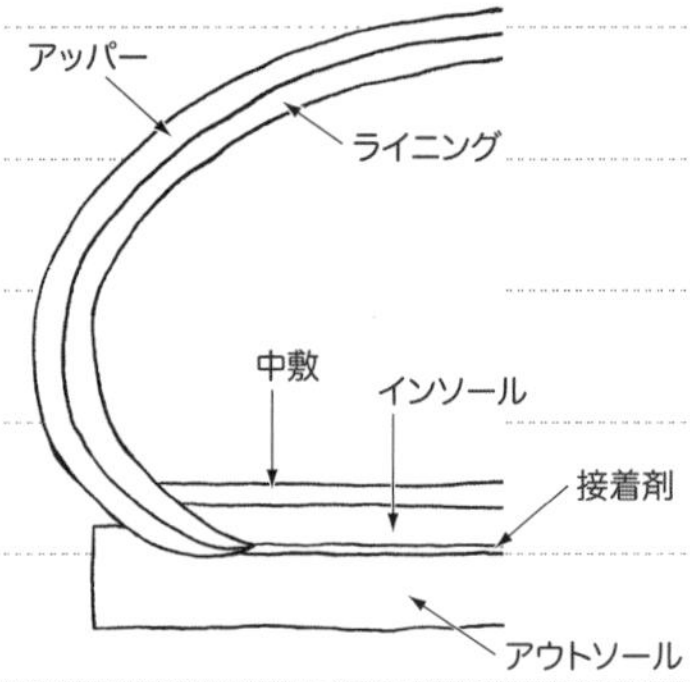

O セメンテッド製法

アッパー、ライニング、インソールそれにアウトソールを、文字通り接着剤で張り付け圧着することで靴として完成させる製法です。用途や性別に限らず、現在では靴の大半がこの製法によって作られています。

この製法の登場は意外と古く、1850年代にはすでに原型が発明され、1920年代後半には機械による底付け装置も開発されていたようです。しかし爆発的に浸透していったのは第二次大戦後であり、それは接着剤が飛躍的に進化した時期、さらには靴の需要が世界的に増加していく時期とも見事に重なります。

構造が簡単で機械による大量生産が可能であるため、紳士靴の場合安価なものは間違いなくこの製法を用いています。また縫い糸を用いないことから軽い靴に仕上げることが容易で、デザイン上の制約も受けにくいことから、トレンド性の強い現代的な需要にも見合った製法とも言え、それゆえ婦人靴の場合は高価なものにもしばしば用いられます。ただしアウトソールの交換が事実上不可能なので長期使用には向かず、耐久性に乏しいのも事実です。

第２部 カッコ良く履きこなしたい人のために

8. 「素材」の違いが、靴の違いにもつながります！

ここでは紳士靴になくてはならない素材である「革」について、じっくり探ってまいりたいと思います。料理の美味しさの相当な部分が食材の質にかかっているように、靴の良し悪しもかなりの部分を、原材料である革の質に負うところが大きいです。とはいえ、この分野は専門用語的なものがしばしば交錯して用いられているのが実情ですので、章の前半では最も使われる革＝牛革に的を絞り、革の名称を系統的かつ段階的に整理していきたいと思います。もちろん靴に用いられる革は、特にアッパーの場合は牛のものばかりではありませんので、章の後半では他の動物の革についても解説しましょう。

なお、一部の革については巻頭の口絵４～５ページもご参照ください。

8-1 まず始めに……

靴を購入しようとした際に、店員さんの牛革の解説が全く理解不能だった経験、ありませんか？　具体的な解説に入る前に、まずは軽くまとめてみましょう。

年齢や性別による分類

・カーフ
・キップ
・ステア
・カウ
・ブル

鞣《なめ》しの種類による分類

・植物タンニン鞣し
・クロム鞣し
・混合鞣し

加工の種類による分類

・銀付き革
・ガラス張り革、パテントレザー（エナメル）
・揉み革、シュリンクレザー、型押し革
・スエード、ベロア、ヌバック
・オイルドレザー、グローブレザー、撥水レザー

着色・仕上げの種類による分類

・素仕上げ
・アニリン仕上げ
・顔料仕上げ
・アンティーク仕上げ
・アドバン仕上げ

8-2 年齢や性別による、牛革の分類

牛革の性質は、まずその原材料となる牛の年齢や性別により大きく異なります。若いものも円熟を重ねたものも、それぞれ異なる長所があるのは人間と同じです。

カーフ

生後6カ月くらいまでの仔牛の原皮=カーフスキン（重量が25ポンド以下の軽い原皮を「スキン」と呼びます）を用いた革を指します。薄くて軽いものの、その分キメが細かく手触りも非常に柔らかになり、価格も高めに取引されるので、靴用にはもっぱら高級品のアッパーとして使われます。

生後3カ月までのものは特に「ベビーカーフ」と呼ばれ、文字通り赤ちゃんの頬に近いスベスベな風合いとなりますが、大変繊細な革なので紳士靴には誂え靴以外で用いられるのは稀です。

キップ

生後6カ月から2年くらいまでの牛の原皮=キップスキンを用いた革を指します。カーフに比べ厚みは若干あるものの、その分強度には優れるため、こちらもある程度以上の価格の紳士靴のアッパーにしばしば用いられます。

実は「カーフ」と「キップ」を明確に分類しているのは、日本だけのようです。欧米ではどちらも「カーフ」と呼びます。キップであっても、柔軟性や表面のキメの細かさでカーフに十分匹敵する場合が結構あり、実用上はその差が大きな問題を引き起こすわけではありません。

ステア

生後3〜6カ月の間に去勢され、かつ生後2年以上たったオスの成牛の原皮=ステアハイド（25ポンド以上の重量がある原皮を「ハイド」と呼びます）を用いた革を指します。去勢するとはすなわち、繁殖用ではなく食用にするという意味です。

カーフやキップに比べると、柔らかさや表面のキメの細かさでは劣るものの、その分厚みがあり強度にも優れるのが特徴です。しかも去勢したのが功

を奏し、厚みやキメが原皮1枚の中で比較的均質に揃っているので扱いやすく、歩留まりも良好で、その結果靴では最も広く利用されている革です。

インソールやアウトソールを代表とする、ある程度以上の厚みや耐久性が求められる部材は当然ながら、鞣《なめ》しの工程でひと手間加えるのを通じてアッパー用にも非常に多く用いられます。一般的な革靴のそれは、大抵この革だと思っていただいて結構です。

その他

牛革には他に、出産を経験し生後2年以上たったメスの成牛の原皮＝カウハイドを用いた「カウ」や、去勢されず生後3年以上たったオスの成牛の原皮＝ブルハイドを用いた「ブル」などがあります。

しかし、前者はステアよりもしなやかながら、出産が影響するのか部位によって密度の差が大きい傾向があり、後者はステアより厚い分キメが粗く傷も多いことから、靴用にはどちらもステアに比べ多く用いられていません。

どう原皮を取るか？

牛革の原皮は当然ながら食用の牛肉を取った後の副産物です。我々の血や肉となるものからさらに革も頂戴するのですから大切に扱いたいものですが、その取り方の違いが、「革」となった後の質感に大きな差を及ぼします。

ヨーロッパ以外、例えば北米では、「半裁」とか「半切」と呼ばれる腹部と背部で左右半々に裁断する方法が取られます。効率的な方法ですが、鞣す際に1枚の原皮に質感の全く異なる腹部と背部双方が併存するデメリットがあります。

一方、ヨーロッパではステアなどの大判のものは、背部と尻部とで前後に分けて裁断する方法が取られます。効率こそ悪いものの、質感の異なる背部と尻部とが原皮段階で分かれるので、双方をベストな方法で鞣すことが可能です。なおカーフなどの小判のものは、各部で革質の差がまだ少ないため分けずに1枚で鞣します。

靴用に限らず、牛革はヨーロッパ産原皮のものが品質で勝る傾向にある理由の一つがこれで、部位がどこであれ、原皮を新鮮な状態で調達可能な欧州のタンナー（鞣し業者）の評価が高いのも、それゆえ当然なのです。ただし日本のタンナーも、原皮確保の距離的な困難を跳ね返すべく、様々な技術的チャレンジを重ね続けており、非常に高度なノウハウを有しています。

8-3 鞣《なめ》しの種類による、牛革の分類

原皮を腐らせないために必要不可欠な工程である鞣し。その方法は太古の昔よりいろいろ考えられてきましたが、現在では大まかに2種類もしくは3種類に分類されています。

■「鞣《なめ》す」とは？

原皮から不要な体毛や脂肪を取り除くだけでなく、様々な鞣し剤を用いて皮の主成分であるタンパク質＝コラーゲンを結合・固定・安定化させ、それを通じて「皮」を腐敗・乾燥しにくい「革」に変化させる、一種の化学処理です。生物的な「皮」に人間の使用に耐え得る「革」としての確固たる役割を与える、地味ながら重要な工程です。

人類が誕生して恐らく最初に発明した化学処理とも言われ、

・樹木や藁を焼いて出る煙で燻《いぶ》す。
・皮を剥いだ動物の脳漿《のうしょう》をまぶす。
・人間が口で噛んで出てくる唾を用いる。

など、世界の各地で様々な方法が行われてきました。その一部は伝統工芸的に残っているものもありますが、今日一般的に行われるのは、植物系の液体もしくは鉱物系の液体のいずれか、あるいはその双方を鞣し剤として用いる方法です。

■植物タンニン鞣し

文字通り、植物から抽出した「タンニン」と呼ばれる成分を活用して鞣す、昔ながらの方法です。緑茶や赤ワインの渋みや苦みの成分として、タンニンは私たちにも大変おなじみの存在のせいか、日本ではこの方法を「渋鞣し」とも呼びます。

具体的には南米産のケブラチョや南アフリカ産のミモザ、欧州産の栗や楢などの樹皮や葉から抽出したタンニンを用います。下処理を終えた原皮を、様々な濃度のタンニンで満たされた「ピット」とか「バスリー」と呼ばれる桶槽に数日おきに漬け換えるのを通じ、時間をかけて徐々に「皮」から「革」へと変えていきます。その期間は平均で25～90日、用途によっては品質を安定させるべくその後地中に埋め

込み、丸1年程度かける場合もあります。

この方法でできた革は、堅牢性・耐摩耗性・耐伸縮性などに極めて優れ、可塑性・成形性も良いのが特徴です。ただしタンニンが日光や油分で化学変化を起こすため、色調面での経年変化が起こりやすく、柔軟性・弾力性・伸縮性・耐熱性・染色性にはやや劣るので、「丈夫さ」や「締まりの良さ」を優先する製品や部材に適しています。靴では底材で用いられる場合が主体で、アッパー用には現在ではあまり見かけません。

クロム鞣し

三価クロム塩などの溶液を鞣し剤として用いる方法で、工場レベルで行われる近代的なものは、1858年にドイツのフリードリヒ・L・クナップなる人物が開発したようです。ただし最初に特許を得たのは1884年にアメリカのオーガスタス・シュルツなる人物らしく、要は19世紀後半に主要技術が固まった方法です。

下処理を終えた原皮を、「ドラム」とか「太鼓」と呼ばれる一種の回転槽の中に入れ、そこにクロム溶液を注入した後に上下に回転させることで、短時間に「皮」から「革」へと変えていきます。回転時間は平均6～12時間と植物タンニン鞣しに比べ圧倒的に速く、コストも当然安くなるので大量生産に適し、20世紀以降一気に広まりました。今日の革生産では圧倒的に主流派です。

この方法でできた革は、柔軟性・弾力性・伸縮性・耐熱性・染色性などに極めて優れた特性を有しています。三価クロム塩が安定性の高い分子構造であるため、軽くて変色しにくい革に仕上がるなどの利点もあります。ただし堅牢性・耐摩耗性・耐伸縮性や可塑性・成形性には劣るので、「柔らかさ」や「色感の良さ」が優先する製品や部材に適しています。靴ではアッパーに用いられる場合がもっぱらで、底材用には使わないと考えていただいて結構です。

混合鞣し

植物タンニン鞣しとクロム鞣しの双方を取り入れた方法です。クロム鞣しを先に行う場合は「コンビ鞣し」、植物タンニン鞣しを先に行う場合は「逆コンビ鞣し」と言います。

特に前者は、後述する様々な理由も絡んで、近年靴のアッパー用の革にも多く採用されています。表面に摩擦による「焦がし」が入りやすい革は、この鞣し方法を採用したものが多いです。

今後はどうなる?

実はクロム鞣しに関しては、革そのものの品質以上に、生産そして使用後における環境面での大きな課題が浮かび上がっています。それに用いる三価クロム塩自体は無害ですし、その方法で作られた革も身に着ける分には全く無害ですが、製造時に生ずる革屑や劣化した靴を焼却処分する場合、方法を間違えると三価クロムの分子構造が、有害な六価クロムに変化する恐れがあるのです。また成分が自然界に還りにくいので、製造時に出る革屑や排水を、植物タンニン鞣しから出るもの以上に慎重に管理・処理する必要もあるのです。

環境意識がますます高まる中、それらを考慮・改善した生産を行うとなると、植物タンニン鞣しに比べ、製造コスト面での利点が決して莫大ではなくなってきているのも事実です。クロム鞣しを得意とした欧米の著名なタンナーが、1990年代の終わり頃から相次いで廃業し続けているのも、それが密接に絡んでいます。その影響で、これまで比較的容易に入手できた革が確保できなくなったばかりに、好評だったにもかかわらず靴や鞄それに革小物を廃盤・変更せざるを得なくなった事例は多々あります。

一方、植物タンニン鞣しを主に行っているタンナーは、世界的に見ても小規模なところが多いながらも、エコロジー的な潮流も手伝い、どっこい生き残っている感があります。例えばイタリアではそのようなタンナーが集まって団体をつくり、各自の個性を活かしたその種の革を一種のブランド的に売り込み、鞄や革小物の世界ではかなりの成果を上げています。

クロム鞣しの革には他の方法では成し得ない良い特徴もあるため、特に靴のアッパー向けには今後もこれが主流でしょう。ただしその比率は徐々に下がり、植物タンニン鞣しや混合鞣しだけでなく、アルミニウム、動物の油脂、合成タンニンなどを用いる「非クロム鞣し」の比率が高まりそうです。そのスピードが速まるか否かは、科学技術面での進歩だけでなく、革を実際に使用する我々の意識や価値観の変化にもかかっています。

8-4 加工の種類による、牛革の分類

加工次第で牛革の性質は劇的に変化します。原皮の特徴を活かし切るものもあれば、手間を掛けて新たな意味を付加させる場合もあります。巻頭の口絵4～5ページもご参照ください。

まずは革の断面構造から

牛だけでなく鞣す前の動物の原皮は、外側から順に、

・体毛の付いた「表皮」
・タンパク質（コラーゲン）が主体の「真皮層」
・肉と結合する「皮下組織」

の3層構造を有します。鞣して「革」として利用されるのは真ん中の「真皮層」で、これはさらに外側から以下のように分かれます。

・乳頭層…この上部を「銀面」と呼びます。
・網状層…この下部を「肉面」とか「床面」と呼びます。

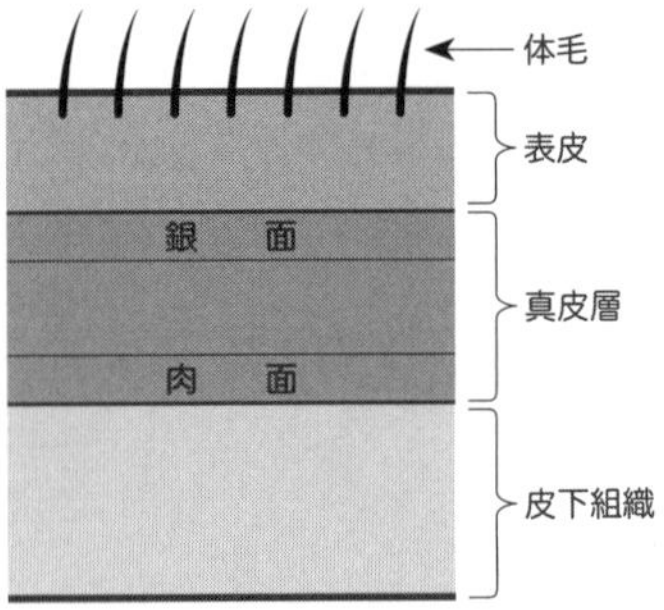

革の構造

銀面をそのまま活かす革

銀付き革（口絵4ページ参照）

「フルグレインレザー」とも呼ばれる、銀面をそのまま活かして表面とした革です。銀面は革を構成する部位の中では最も組織が細かく、丈夫で柔軟性も高いので、これを残し表面にすると、鞣しの種類を問わず原皮本来の風合いや持ち味を最大限に反映できます。いわば革の原点であり、愛着も湧きやすい革の中の革です。

そのまま活かすとは、原皮に付いていた皺模様や凸凹、傷や虫刺されの痕跡もそのまま残ることも

意味します。逆に言えばこの革になれるのは、銀面にそのようなクセやダメージの少ない上質な原皮のみで、当然価格も一番高く取引されます。よって、日本酒さながら「吟面」とか「吟付き革」と当て字で記される場合もあります。

靴に用いる銀付き革には様々なものがありますが、その代表例はアッパーに用いられる「ボックスカーフ」でしょう。この名称は、国や時代それに用途で定義が様々存在するものの、クロム鞣しをごく短時間施し、タンパク質系の仕上げ剤で表面を美しく処理した、余計な加工をあまり施さない柔らかなカーフ、キップを指す点ではどれも共通です。

表面に何らかのコーティングを施す革

ガラス張り革（口絵4ページ参照）

「コレクテッドグレインレザー」とも呼ばれ、クロム鞣しを施した後に平らなガラス板やホーロー加工を施した鉄板に張り付け乾燥させ、通常は銀面をサンドペーパーで削り、顔料系の塗料や合成樹脂を用いて表面を均質に仕上げた革です。銀面を削ることを通じて、原皮の表面に残った皺模様や傷・虫刺され痕などを消せるので、歩留まりを高められ、安く大量にかつ安定的に供給が可能です。

新品の段階では光沢に優れるものの、表面は一種のコーティング状態なので、風合いや柔軟性は銀付き革に比べ大きく劣り、お手入れによる水分・油分の補給をしにくい革でもあるので、履きジワなどが亀裂へと深刻化するケースもしばしば見られます。よってこれを用いるのは、学生時代に履いたローファーのアッパーなど、特段のお手入れをしなくても新品の段階から数年は一定以上の見栄えや耐久性を維持したいものが中心になります。

ただし、近年では技術革新が進み、素材感を十分残したものや靴クリームの浸透性に優れるもの、柔軟性に富むものも存在します。今後も面白い品質のものが登場する可能性がありそうです。

パテントレザー（口絵4ページ参照）

「エナメル」の通称でおなじみの、クロム鞣しを施した後に表面をポリウレタン樹脂などで塗装して仕上げた革です。銀面を削ったものを用いるのが普通ですが、それを付けたままのものも一部の高級品で見られます。

水や汚れに強く丈夫な革として1810年代に米国で発明され、特許＝パテントを得たのが名前の由来で、女性のドレスを汚さないとして、やがて夜間の宴の礼装用紳士靴向けに用途が180度変化してしまいました。そもそもは樹脂ではなく表面に亜麻仁油やワニス系のラッカーを重ね塗りしていて、これは日本の漆塗りをヒントにしたようです。

確かに亀裂が起こらない限りは水や汚れは染み込まず、乾拭《からぶ》きだけで輝きが半永久的に持続しますが、その亀裂が意外と簡単に入ります。革本体と樹脂面の2層構造なので断面が厚くなり深いシワが入りやすく、温度や湿度の変化で双方の収縮差が起こりがちだからです。樹脂が溶解しベタつきや表面剥離が起こる場合もあるので、温度や湿度が極端に変わる場所に長期間放置せず、履く前に靴全体を軽く揉むとか保管時にシューキーパーを必ず用いるなど、長持ちさせるには意外と気を遣います。

表面にシボを出した革

革を鞣した後にその表面に付いた、細かい凹凸を有した一種のシワのようなものが「シボ」です。自然に付いてしまう場合もあるものの、大半は何らかの形で人為的に形成されたものです。しばしば混同されますが、「シボそのものの種類」と「シボを出す・付ける方法」は異なります。

前者で代表的なものには以下のようなものがあります。

・ウィローグレイン：細かい一文字状のシボをごく軽く出したもの。
・ボックスグレイン：細かい四角形状のシボをごく軽く出したもの。
・ペブルドグレイン：細かい丸小石状のシボを出したもの。
・スコッチグレイン：大麦の実の粒状のやや不揃いなシボを出したもの。

後者は以下の3種類に大別されますが、いずれも革に風合いを与えるだけでなく、その表面に傷を付きにくくし、たとえそれが付いても目立ちにくくさせる効果もあります。

揉み革（口絵4ページ参照）
「ボーデットレザー」とも呼ばれる、鞣す過程で物理的に揉むことで表面にシボを出して仕上げた革です。鞣しに失敗した革を偶然手で揉んだところ、独特の表情に変化したのが誕生のきっかけのようです。

当初は手だけで揉んでいましたが、やがて革の表面を内側にして畳み、その上に裏面がコルクなどでできた船底状の「ボーディングボード」を置いて手で揉みしごくことで、多少効率的にシボを出せるようになりました。現在では機械作業が大半です。

革をどの方向に何回畳み何回揉むかで、出てくるシボの形状が変化します。大なり小なり革を揉むので、必然的に柔軟性も加わります。ただ、他の方法に比べ効率が悪いので、現在ではカーフなど品質の良い薄手の革にしか施されませんし、その革も鞄や財布などの革小物に用いられることが多く、靴ではあまり見かけません。

シュリンクレザー

鞣す過程で文字通り化学的に収縮させることを通じ、その表面にシボを出して仕上げた革です。具体的には、鞣しの際に用いるドラムの中で、革と収斂性の強い特殊な薬剤とを合わせて回転させるなどの方法が取られます。

どのようなシボが出来上がるかは、ドラムの蓋を開けて結果を確認しないとわからないため、非常に緻密な製造ノウハウが求められます。よってこの革の評価が高いタンナーは、他の表情を持つ革でも高い評価を得ている場合が多いです。

優れた品質のものは革として完成した後も非常に収縮性が強く、厚みの割には非常にソフトで弾力性の高い、身が締まりながらもフカフカな仕上がりとなります。またそれゆえに揉み革に比べシボが深めに出る傾向もあります。紳士靴ではカジュアル用やカントリー系のもの、さらにウォーキングシューズ的なものに用いられる傾向にあります。

型押し革（口絵4ページ参照）

「エンボスレザー」とも呼ばれる、鞣す過程でプレス機によって加熱・加圧することを通じ、その表面に様々な型を出すというより押し付けて仕上げた革です。生産効率が高く、揉んだり縮めたりしていない分カリッとハリのある雰囲気に仕上がります。

元々の開発目的は歩留まりの向上です。例えば原皮そのものの品質は大変素晴らしいのに、使用に全く問題のない細かな傷がわずかにある場合は、銀付き革に仕上げた上でこれを施せば、無駄なく立派に第一級品の革として使うことが可能になり、単に最も簡単に短時間で大量に製造できるだけでない利点が出てきます。また揉み革やシュリンクレザーとなるのは原則銀付き革である一方、この革はガラス張り革やパテントレザーにも加工が可能で、表情をつけられる革の種類が大幅に広がるのです。

本来のシボ以外の「型」も、近年では数多く世に出て受け入れられています。代表例がクロコダイルやリザードなどの革の表情に似せて作られたもの。特にイタリアのタンナーのものは、本物とあまり見分けのつかないレベルにまで加工技術が進んでいます。価格もこなれているのが嬉しい点ですが、だからこそ「本物ではなく型押しです」と正直な姿勢で扱われて欲しい存在です。

起毛させた革

スエード（口絵4ページ参照）

鞣す過程で肉面を起毛させ、それを表面として仕上げた革です。この加工法を開発したのが北欧のスウェーデンで、この国名のフランス語表記が語源です。

原皮にはカーフスキンなどの薄く柔らかなものがしばしば用いられ、毛足を比較的短くしキメを細かく仕上げる傾向が強いです。フワッとした温かみのある肌触りとなるので、元来は秋冬向けの革と見なされ、色もそれ向きの濃色主体のものばかりでした。

革の組織で一番丈夫な銀面を残した状態で鞣されるケースも多く、その場合は見た目に比べ案外丈夫となるのも特徴になります。耐久性が求められるカントリーシューズのアッパーにこの状態のスエードが昔から重用されるのは、つまり一番丈夫ながら表面だと外部要因による割れリスクも高くなる銀面を、裏面に回すのを通じて最後まで守り切れるからで、すなわちそれが遭難防止に直結するからです。さらには表面の毛羽立ちのおかげで自然な撥水性が得られるからでもあり、ただ雰囲気で選ばれるのでは断じてありません。

ベロア

「鞣す過程で肉面を起毛させ、それを表面として仕上げた革」である点、それに語源がフランス語である点はスエードと全く同じで、こちらは眩《まばゆ》い光沢を魅力とする生地・ベルベットと質感が似るのに由来します。

ですが、この名は日本でしか使われていないらしく、海外では「スエード」で一くくりされています。我が国ではもっぱらステアハイドなど比較的厚めの原皮を用いた際にこの呼称が用いられ、スエードに比べ毛足も長くキメも粗く仕上げる傾向にあります。

　また、この革では銀付き革を薄く漉《す》いた後に残った網状層を活用し、表面・裏面ともに肉面とする場合も多々あります。この状態の革を特に「床ベロア」と呼び、柔軟なものの耐久性には乏しいため、靴のアッパーに用いる際には樹脂で裏打ちする補強策を施す場合がもっぱらです。

ヌバック

　鞣す過程で肉面ではなくてその銀面を起毛させ、それを表面として仕上げた革です。牡鹿の銀面を同様に起毛させた、今日では相当貴重な「バックスキン」をイメージし、その語頭に「新しい」の意味を付けたのが呼称の由来です。

　銀面は肉面に比べれば明らかに平滑なので、「起毛」ではなく「均質に削る」と表現したほうが適切かもしれません。それゆえ質感はスエード以上に毛足が短く、キメも細かくなる傾向が強いです。起毛されてはいるもののサラッとした感触になるので、元来は春夏向けの素材と見なされ、色も白や水色など淡色系のものが長年主流でした。

　ただ、近年では焦げ茶や黒のこの革をアッパーに用いた紳士靴も随分増えており、その一方で、タンナーの技術革新もあり、「ヌバックの質感に近いスエード」も見かけます。両者の識別はこのように困難になりつつあるのですが、起毛していても毛穴の跡など革の地肌が何となく感じられるのなら、それはヌバックと考えてよろしいでしょう。また、銀面を「ごく軽く削る」のを通じて靴完成後の着色・脱色を容易にした、「銀付き革の質感に近いヌバック」も登場しています。

特殊な鞣し工程が入る革

オイルドレザー（口絵5ページ参照）

　鞣す過程で、文字通り通常より多くの油分を加えて仕上げた革です。銀面を付けた状態でそれを表面として用いる場合が主流ですが、その肉面をスエードとして用いたり、銀面を削ってヌバックとする場合もあり、表面の状態は意外と多様です。

　光沢は鈍いものの油分の多さゆえに撥水性に富み、しかも革の厚さの割にしっとり柔らかい風合いとなるのが特徴です。傷にも強く、浅いものならそこを裏側から指で押して摩《す》れば目立たなく、場合によっては見事に消えてしまいます。そうすることでその部分の油分が活性化し、周囲に散らばることで革本来の色や質感が自然に回復してしまうからです。この現象を「油が走る」とか「プルアップ」と呼び、この種の革のもう一つの魅力です。

ワークブーツなどで実需が多いせいか、この革に関してはヨーロッパ産だけでなく、アメリカのものにも定評があります。

グローブレザー

本来は前述した混合鞣しのうち、「コンビ鞣し」で作られる代表的な革で、野球のグローブ向けに用いる場合が多いので、その名が付きました。ただ、現在ではその風合いからヒントを得てクロム鞣しのみで作られたものも数多く含まれています。

厚みの割に軽くて弾力性や伸縮性それに耐摩耗性に優れ、サラッと潤う独特の風合いが特徴です。靴にすると甲部の履きジワが目立ちにくいのも、この革の隠れた長所でしょう。

オイルドレザー的なハードで脂っぽい印象がないので、靴ではコインローファーなどの素朴さや軽快さを重視したいものに主に用いられ、感触を肌で直に味わうべくアンラインド仕様とする場合が多いです。

撥水レザー

鞣す過程で様々な加脂剤やフッ素樹脂、それにシリコン樹脂などを用いて、撥水・撥油効果を高める加工を施した革の総称です。ビジネスシューズのみならず、カジュアルシューズにも今日非常に多く用いられています。

それらで革の表面をコーティングするのが一般的な方法で、これだと確かに撥水・撥油効果が強力に発揮されます。ただしその分、靴クリームも浸透しにくくなるので、よく言えばメンテナンスフリーですが、お手入れの楽しみはあまり味わえず、「革」としての風合いも若干劣る傾向にあります。

また、あくまでコーティングなので、一度革の表面に傷が付いてしまうと、その部分にだけ水が集中して染み込み、かえって回復しにくいシミが生じてしまうこともあるようです。もっとも、近年では樹脂などを革の内部にまで浸透・結合させる技術も登場しており、その種のトラブルは起こりにくくなっているようです。

8-5 着色・仕上げの種類による、牛革の分類

革質の良さを素直に出すか、表面をしっかり保護するのか、はたまたうまく化粧してあげるのか……たとえ同色であってもその「付け方」次第で、見え方はガラッと変化します。

素仕上げ

植物タンニン鞣しを施す過程で、表面塗装を行わずにロール掛けやバフ掛けのみでツヤを出す仕上げです。染色すら行わずに完成させた場合を、特に「ヌメ革」と呼びます。

自然に近い状態のため、革そのものの風合いや植物タンニン鞣しの長所が最大限に残され、元来の淡い褐色が、使い込むと飴色に変化していくのが特徴です。

ただし、塗装がされていないだけに、汚れが付きやすく目立ちやすいのが難点で、メンテナンスに細心の注意を図れるか、汚れても全く気にならない製品に用いるのがもっぱらです。靴ではインソールやアウトソール用にこの仕上げの革が調達され、後者は靴を作る最終段階で薄く着色されます。

アニリン仕上げ

鞣す過程で「アニリン染料」を用いて色を染めた上で、それでわずかに塗装を施した仕上げです。ちなみにアニリン染料とは、産業革命絶頂期の19世紀中盤の英国で発明され、この誕生で天然染料が一気に駆逐されただけでなく、それまでの衣料品に欠けていた「色味」を大幅に増やすのに貢献を果たした時代の寵児であり、いわば合成染料の元祖です。

この仕上げを施すと、優れた発色の中に透明感が引き立ち、銀面の繊細な表情を壊さずキメ細かで柔らかな感触を保つことが可能になります。それゆえカーフやキップの銀付き革を筆頭に、アッパー用の高級素材に採用されるのがもっぱらです。

素仕上げのものよりは扱いやすいものの、透明感が災いし色落ちや水ジミを起こしやすいのが難点で、クリーナーどころか場合によっては水

拭きだけで色ムラを生じさせてしまうくらいに繊細です。トラブル防止のためか、近年ではかつてほど用いられていないのが実情で、その代替手段には、染料だけでなく顔料を少量塗装することで小傷を隠し色付きを安定させる、通称「セミアニリン仕上げ」を採用する場合が多いようです。

顔料仕上げ

鞣す過程で染色した上に、不溶解性の顔料で厚めの塗装を施した仕上げです。革本来の風合いには劣るものの、傷を隠し着色も均質化するので、ガラス張り革の仕上げ方法を代表に、一般的な靴のアッパーには多く用いられます。

特に白い表革は、この仕上げを施さないと仕上げられません。染料には「純白」が存在せず、剝げ落ちて革の地色が出るのを防ぐために、顔料を多層かつ厚めに用いて色出しせざるを得ないからです。

鞣し技術の進化を受けて、近年では表面の透明感がある程度確保されているものや、逆に顔料を厚く塗装した後、引っかいたり伸ばしたり揉むことで、銀面には届かないひび割れを表面にわざと生じさせるものも登場しています。

アンティーク仕上げ

着色・塗装がひと通り終わった革に、それとは異なる色の染料や特殊な乳化性クリームなどを用いて、使い込んだ革や古い木製家具のような色ムラを作り出す仕上げです。１９９０年代に入ってからイギリスの既製靴でまず脚光を浴び始め、その後他の国の靴にも広く普及していきました。

この仕上げを行うタイミングは、革を鞣す過程と、靴を作る最終段階との2回あり、双方で行う場合も多いです。また、色を重ねるのではなくアルコールなどを用いて色を抜いたり、後者のタイミングでバフ掛けなどを施して革に人為的な「焦がし」を入れるのも、この仕上げに含まれます。

アドバン仕上げ

鞣す過程でいったん塗装を行った色の上からより濃い色の塗装を重ね、その後靴を作る最終段階でバフ掛けなどを施して濃い色を部分的に落とすのを通じて、革の表面に色ムラを付ける仕上げです。

アンティーク仕上げと類似しますが、こちらは色付けを塗装の段階で完全に済ませてしまうのが大きな違いで、ガラス張り革に対しても容易に施すことが可能なのも特徴です。

8-6 牛以外の哺乳類の革

靴のアッパーには、牛以外の哺乳類から作られた革も用いられます。当然ながらそれぞれの革独自の特徴が出てくるので、それが靴の性格にも明確な変化を与えてくれます。巻頭の口絵5ページもご参照ください。

コードヴァン（口絵5ページ参照）

馬の臀部の皮を植物タンニンで鞣し、肉面（床面）を削り表皮層の下にある繊維層を露出させ、それを寝かせて仕上げた革で、繊維層の形状が二枚貝に似ていることから、厳密には「シェル・コードヴァン」と称します。スペインの都市・コルドバがイスラム勢力支配時代これと似た質感の山羊革の主産地であり、それを名の由来としています。

生きていた時は内側を向いていた面を表にしているので、この革は一種のスエード状態です。また、繊維層の組織が走る方向も、水平方向である牛の表革とは対照的に、コードヴァンは表面から見て垂直方向で、密度も表革の約3倍と非常に詰んでいます。つまり細かい針山みたいなものがビッシリ詰まった面を、無理やり寝かせて「表面」にした革と言えます。

それゆえに厚みの割に柔らかく、堅牢でお手入れをあまりしなくても光沢を維持しやすいのが特徴です。履きジワも大胆かつ美しく出るのですが、その一方で、水にあたった箇所が水ぶくれ状に段差ができてしまい、跡になりやすい傾向もあります。寝かせていた繊維層が、圧力や水が原因で元に戻ろうと垂直方向に立ち上がってしまうからです。

今日のこの革は、特にアメリカ系の高級な紳士靴には欠かせない素材であり、タンナーも同国の会社が非常に有名です。ただし彼の国では、もともとは理髪店などで使う剃刀を研ぐのに主に用いられていて、それが不要の安全剃刀が主流となったのをきっかけに、特徴を踏まえて靴のアッパー向けに転用されたという、非常にユニークな経歴を有しています。その一方、ヨーロッパの靴ではあまり積極的には用いられていません。

　日本のタンナーが製造するこの革も、特に色出しの透明感の秀逸さで近年非常に高い評価を得ています。我が国では靴以上に、前述した特徴からランドセル用の高級素材として長年需要があったのを通じて、アメリカの会社とは異なる鞣しのノウハウが蓄積され、それが見事に開花したわけです。

バックスキン

　本来は牡鹿の皮を鞣して、その銀面を起毛させて仕上げた革です。「バック」なる名称の響きゆえに、牛革を起毛させたスエードやヌバックと混同・混用されがちですが、材質的にはこれらよりさらに毛足が短くキメも細かい傾向にあります。ちなみにこの革を真似て牛革で作られ、「新しいバックスキン」の意味で命名されたのがヌバックです。

　牛革に比べ鹿革は柔軟で伸縮性に富み、型崩れしにくく耐水性にも優れるのが特徴です。ただし銀面が薄く剝離や傷を起こしやすい欠点があるので、この革ではそれを削って起毛させるのを通じトラブルを未然に防いでいます。

　原皮となる鹿には、北米に生息し銀面層の厚い「オジロジカ」のものが主に用いられてきました。1980年代までは既製靴であってもそれほど極端に珍しいわけではなく、今日のコードヴァンに近い存在でしたが、諸般の事情で気がつけばもはやなかなかお目に掛かれなくなっています。また、中国本土に生息し小ぶりで薄いながらも非常に弾力性に富む「キョン」のものは、「チャイナバック」とも呼ばれ誂え靴の世界で大変好まれていましたが、絶滅寸前というわけでもないにもかかわらず、こちらも良質のものはもはや伝説の革状態と言って過言ではありません。

　なお、バックスキンと類似したものに「スタッグスエード」と呼ばれる鹿革がありますが、こちらは本来、牡のアカシカの皮を鞣した後、その肉面を起毛させて仕上げたものを指します。ただしこちらも今日では鹿の種別や性別を特定せずに、「ディアスキンスエード」と総称して流通するケースが多くなっています。

　バックスキンであれスタッグスエードであれ、お手入れの方法は牛革のスエードやヌバック、つまり起毛革と変える必要は全然ないので、その点はご安心願います。

トナカイ(口絵5ページ参照)

　北米並びにユーラシア大陸の北

極圏に生息するトナカイの皮を鞣して作られる革です。極めて寒い地域に住む生物であるからか、肉厚で傷に強く、耐水性に優れるのが特徴です。

靴の革の場合は、質感の違いで二つの呼称を慣用的に使い分けています。一つは「ロシアンカーフ」とか「ロシアンレインディア」と呼ばれるもので、今日鞣されるものでは原則ありません。18世紀末期にロシアで作られ、当時イタリアに運ぶ途中で船が英国沖で沈没し、その後長い間海中に眠っていたのを引き揚げた革です。鞣してから相当な時を経ているため硬いものの、一目でそれとわかる細かい菱目状の独特な型押し模様を有する場合が多く、希少性も手伝い誂え靴の世界では人気の絶えない素材です。

アッパーにロシアンカーフを用いた靴

もう一つの「カリブー」と呼ばれるものは、揉み革やシュリンクレザーに類似したシボが表面に刻まれ、ロシアンカーフに比べ柔軟性に富むのが特徴です。こちらは今日でも生産され、靴だけでなく鞄や革小物にも用いられていますが、地球温暖化の影響で生息数減少が危惧されており、また鞣す技術の特殊性も影響し、希少度が今後高まる可能性が高いです。

なお、動物的にはレインディアもカリブーも実は同じ動物で、前者は北欧で自然放牧されているものを指し、後者は北米に生息する野生種を指す際に用いられます。

キッドスキン

子山羊の皮を鞣して作られる革です。キメが細かく薄くて柔軟な割には丈夫で張りがあり、摩耗性にも優れるのが特徴で、独特の細かいシボと光沢も魅力です。

紳士靴では軽さを追求すると同時に、見た目の華奢さを重視する際に多く採用され、やや高い年齢層に支持される傾向にあります。

柔軟に鞣された銀付き革のものは、製法が考え出されたアメリカ・カリフォルニアの地名にちなみ「キッドナッパ」と称し、鞄や手袋などにも用いられます。また、植物タンニン鞣しが施されたものは、これも創造地の名にちなみ「モロッコレザー」と呼ばれ、本の装丁やランプシェード用に昔から人気があります。

カンガルー

オーストラリアに生息するカンガルーの皮を鞣して作られる革です。その圧倒的な軽さ並びに薄さに反比例するかの如く、丈夫で柔軟性・耐摩耗性にも優れることから、スパイクなどのスポーツシューズのアッパーとしては最高級品の地位を占めています。

革質もキメ細やかであるためか、紳士靴としてはキッドスキンと同様に高めの年齢層に支持される傾向にあります。ただしこの動物の行動性質上、原皮に傷があるものがほとんどなので、それがないものは希少で、ゆえに靴の価格も非常に高価になりがちです。

ピッグスキン

豚の皮を鞣して作られる革です。薄くて軽量な割には耐摩耗性や通気性に非常に優れ、耐水性もしっかり備えています。銀面を突き抜ける剛毛の跡が鞣しても残り、表面に三つずつの毛穴がほぼ等間隔で開いているのが見た目の特徴です。

我が国では靴用には、インソールやカジュアルシューズのアッパー用としておなじみの素材ですが、経年変化で美しい「照り」が出て来るせいか、ヨーロッパ特にフランスやイタリアでは鞄用の高級素材として認知されています。

日本では食用の副産物として良質なものが安定的に供給できるので、ほぼすべての種類の原皮を輸入に頼る中、自給可能な数少ない革となっています。前述の通りヨーロッパでのほうが評価の高い革であることから、逆に輸出も積極的に行われているほどです。生産地が東京周辺に集中しているのも、食文化を反映していると言えそうです。

ペッカリー

こちらは中南米産のイノシシに似た動物の皮を鞣して作られる革です。銀面を突き抜ける剛毛の跡である三つの毛穴はピッグスキンと同様の特徴ですが、こちらのほうが柔軟性に富んでいます。

主に高めの年齢層向けの靴に用いられる一方、厚みの割に伸縮性にも優れるため、むしろ手袋の最高級素材としてのほうが知名度は高いです。なお、豚とイノシシの雑種であるイノブタから作られる革は「チンギアーレ」と呼ばれ、これとしばしば混同されますが厳密には異なるものです。

8-7 エキゾチックレザー

哺乳類以外で家畜でもないこれらの動物の革は、表情に特徴があり過ぎるので、靴では普段使いや仕事用には不適切です。ただ、一足手元にあるとそれはそれで楽しめるかも？
巻頭の口絵5ページもご参照ください。

クロコダイル（爬虫類系＝レプタイルレザー）

「符」と呼ばれるその鱗模様が大きな特徴の、東南アジアやアフリカ産のワニの皮を鞣して作られる革です。符は腹部にあり硬めで四角形の「竹符」と、横腹部にあり柔らかめで丸い「玉符」とに分けられ、用途や求められる強度に応じて使い分けます。

現在では養殖のものがほとんどで、特に東南アジア産のイリエワニのものは、符が小さく形状も整っているため、靴のみならず鞄・ベルトなどにも珍重されます。靴の場合は左右両足で特に甲部の符の形状をいかに揃えられるかが、製造する側の腕の見せ所になり、既製品であっても価格は非常に高価になります。

見た目に反して柔軟な革ですが、履き皺が符の境目に入ると、そこに力が集中するがゆえに亀裂が入ってしまう場合もあります。なお、アメリカ南部に生息するミシシッピーワニの皮を鞣して作られる革は、これとは別に「アリゲーター」と呼ばれ、竹符が横長の長方形となっているのが大きな相違点です。

リザード（爬虫類系）

東南アジアやアフリカ、それに南米産のトカゲの皮を鞣して作られる革で、主にオオトカゲ類の原皮が用いられます。特に東南アジア産のミズオオトカゲのものが、背中に並ぶ丸斑模様の美しさゆえに最高級品とされます。

耐久性に優れるので、こちらも靴や鞄・時計ベルトなどに贅沢品として珍重されています。独特な光沢を有しながらもクロコダイルに比べ煌びやかな印象が薄いせいか、爬虫類系の革としては入門編にふさわしいかもしれません。

オーストリッチ（鳥類系）

飛べない鳥、そして現存する最大級の鳥でもあるアフリカダチョウの皮を鞣して作られる革です。かつては野生のものも用いられていましたが、高タンパク・低脂肪であるこの鳥の食肉需要が増加したのも手伝い、現在では南アフリカ共和国やジンバブエ、オーストラリアなどで飼育されたものがほとんどです。

羽を抜いた跡が丸く突起した「クイルマーク」を、胴体部の銀面に有するのが最大の特徴です。丈夫で柔軟性にも富み、使い込むほどに艶も増すので、靴だけでなく鞄用の素材としても高く評価されています。ちなみに脚部の銀面にはクイルマークが存在せず、こちらは別に「オーストリッチレッグ」と呼ばれています。

スティングレー（魚類系）

アカエイの皮を鞣して作られる革です。これを用いた革製品を得意とした職人の名から採られた、フランス語の「ガルーシャ」なる呼称のほうが、もはや有名かもしれません。

表皮を取り除くと現れるビーズ状の小さな鱗と、背中の中央に現れる「ハート」と呼ばれるやや大きめの鱗とが見せる光沢の対比が一大特徴です。2004年から06年にかけてのいわゆる「エキゾチックレザーブーム」の際に、一躍人気者となりました。

傷には強いものの非常に硬質でザラツキも目立つため、靴用には必ずしも適しているとは言えません。ただしその渋めの色合いから、我が国では古くから武具に活用されてきた馴染み深い革でもあります。

シャークスキン（魚類系）

主に小型のヨシキリザメの皮を鞣して作られる革です。「サメ肌」の語源となる硬い鱗の付いた表皮が鞣す過程で削り落とされ、その跡が編目状の凸凹模様となるのが見た目の大きな特徴です。

魚類の革ながら防水性に格段の利点があるわけではないものの、耐摩耗性には優れ、そのせいかスティングレーと同様に日本では古くから武具の革として知られていた存在です。また戦中および終戦直後には、牛革の不足を補う代用品として我が国では紳士靴に数多く使われていました。

第2部 カッコ良く履きこなしたい人のために

9. 「産地」で味が違うのは、お酒と一緒です！

この章では各国別の紳士靴、特に既製靴の特徴について探っていきます。単にシルエットのような見栄えのみに限らず、製法やメーカーの立地条件も国によって大分異なり、その差がどこに起因するかについても、なるべくわかりやすく、かつ深く考えていくつもりです。

また、各国の著名な既製靴メーカーやブランドについても、簡単にではありますが併せてご紹介します。この本はブランド紹介を目的としたものではないので、この辺りはあえて詳しくは書きませんでしたが、ご一読いただければその特徴と現状を大まかにはつかめるはずです。なお、メーカーやブランドの所在地と靴の生産国が異なる場合は、原則前者を基に整理しています。

9-1 イギリスの紳士靴の特徴

頑丈な作りと伝統的なデザインで、履く人に自然となじむのがイギリスの紳士靴の本来の素晴らしさです。最近は無理にモダンを装うものも大分増えているみたいですが……。

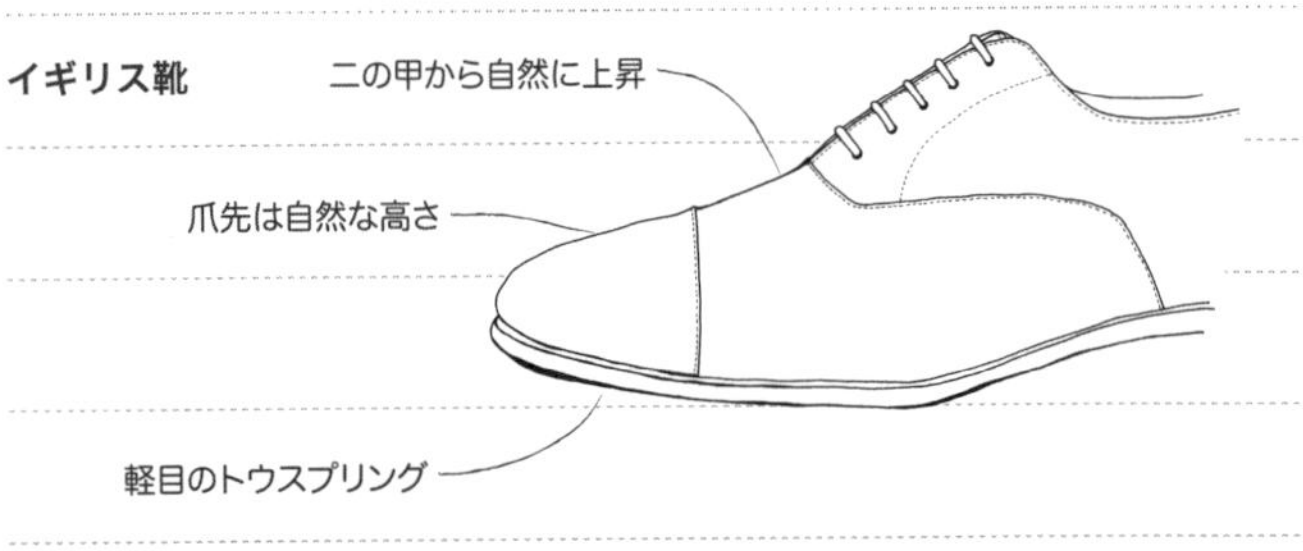

今日の紳士靴の原型の大半を創造したと言っても過言でないのがイギリスの紳士靴です。昨今は他のヨーロッパの靴の流行に影響され、例えば爪先がやや長めのものも多く出ていますが、基本的には履く人や着る服を選ばない普遍的なシルエットを有し、側面は爪先から履き口まで、誇張なく自然に上昇していくのが特徴です。既製靴の場合、底付けは頑丈なグッドイヤー・ウェルテッド製法が主流で、歩行時の足の動きを考慮し、底面に若干丸みを持たせる傾向にあります。

以前に比べ大分淘汰されたものの、この国の既製靴産業はノーザンプトンを核とする中部・ノーザンプトンシャー州周辺に、今日も立地が集中しています。17世紀のピューリタン革命で奮闘したクロムウェルの連隊が軍靴を発注したのが起源と言われ、大消費地ロンドンから約100キロ程度の地の利と、

・革の原料である牛の飼育が盛んだった。
・鞣しや木型製造に必要な樫や楢の木が多数自生していた。
・靴製造には不可欠な水が付近の河川から豊

富に得られた。

　などの材料的利点が結合し、この地で19世紀中後半に靴作りが「産業」として確立しました。

イギリスの主な既製靴メーカー・ブランド

Alfred Sargent

　品質と価格とのバランスに優れたメーカーです。機動力と器用さが重宝がられ、欧米の一流ブランドやセレクトショップ向けのＯＥＭ生産も多数こなします。

CHEANEY

　伝統を重視しつつ流行にも敏感で、両者を使い分けるのに長けた会社です。Church'sの創業者一族がそのChurch'sから２００９年にＭＢＯし、今後要注目です。

Church's

　イギリス靴好きの、かつての最終目標。１９９９年にイタリアのプラダが買収して以降、逆にそれ以前に製造された木型やモデルに人気が偏る状態が続いています。

CROCKETT & JONES

　安定した品質と木型の充実、それに高い提案力で昔から数多くの紳士ブランドのＯＥＭ生産を引き受ける「別注王」。もちろん自社ブランドの靴にも定評があります。

EDWARD GREEN

　普遍的なデザインと「木型」の大切さを改めて教えてくれた、１９８０年代末期以降のイギリス靴信仰のメッカ的存在です。足当たりの柔らかさも特徴です。

GAZIANO & GIRLING

　既製・誂え双方に精通した創設者の名を採り、２００６年に誕生しました。普遍性と現代性を高度に備えた造形は、イギリス紳士靴の新たな理想像です。

GRENSON

　朴訥な印象が目立ったこのメーカーは、１９９０年代後半から一気に高級化路線に進み出ました。近年はポップな印象の強い靴が増加しています。

Tricker's

　カントリーシューズばかりが人気ですが、ドレス系の靴にも昔から定評があります。イギリスの既製紳士靴メーカーで事実上唯一ロイヤルワラントを授かっています。

9-2 イタリアの紳士靴の特徴

軽快な履き心地の中に旬の美しさを常に追求する姿勢が、イタリアの紳士靴の本質です。どんな靴が世間で流行っているのかを、直截的に表現できる機動性も魅力です。

時代性を表情に素直に出してくれるのがイタリアの紳士靴でしょう。浮気性と言えなくもないのですが、メーカーの大小を問わずそれを巧みにこなす器用さがあるのは確かで、気候・原材料・機械の価格にイタリア人の気質などが絡み、既製靴では軽快なマッケイ製法が特に好んで用いられています。靴の価値に「立ち姿の美しさ」を重視する傾向が強く、爪先から二の甲までは低めながらそこから履き口まで急激に上昇する側面や、地面に対し真っ平らに吸いつく底面、それにアッパーの革の色使いを見ればそれは明らかです。

この国の既製靴に関しては、第二次大戦以前に創業した会社も多いものの、「産業」として発達したのはその後と言うべきで、アドリア海に面した中部のマルケ州を中心にほぼ全土に分散しているのも特徴です。これには統一国家になったのが19世紀後半と遅く、かつての都市国家時代の名残である「地廻り経済」や、規模より機動力を重んじる「同族的経営」をよしとする風土が根強い点も影響しているでしょう。OEM生産を地道にこなす小規模なメーカーが多く存在する一方で、世界的な靴ブランドを次々と輩出していった二面性も持ち合わせています。

イタリアの主な既製靴メーカー・ブランド

a.testoni

地元・ボローニャ発祥のボロネーゼ製法の靴を得意とする、世界的にも著名なメーカーです。

ARTIOLI

マッケイ製法を非常に得意とするミラノ近郊の会社です。ブッシュとフセイン両大統領に靴を納めていたメーカーとしても、イラク戦争開戦の際話題になりました。

Ducal

デザインに１９３０年代的な華麗さ、そして清楚さが際立つフィレンツェのメーカーです。

Enzo Bonafè

イタリア靴によく見られがちな「くどさ」を感じさせない造形ゆえに、イギリス靴好きにも人気の高いボローニャのメーカーです。製法の使い分けも巧みです。

Salvatore Ferragamo

メンズは創業者であるサルバトーレ・フェラガモの没後に展開が始まりました。

最近は靴以上にラグジュアリーブランド的な傾向が一層強くなっています。

Santoni

数多くの製法をこなし販売地域に合わせた商品を展開するなど、「マメ」さを誇るマルケ州のエース的存在です。レザースニーカーも有名です。

Silvano Lattanzi

クラシコイタリアブームの中核と言えるマルケのメーカーでしょう。時代で頻繁に変わる造形を、変わらぬ技術で堂々と見せつけるのが、ここの靴の真骨頂です

Stefano Bemer

塊感のある勇壮なシルエットが特徴のフィレンツェの天才靴職人発の既製靴です。牛革以外にも革の選択肢が多彩なのも魅力です。

TANINO CRISCI

ミラノの貴族向けの乗馬ブーツ工房がこのブランドの始まりです。モデルや木型は比較的頻繁に変化しますが、やはりジョッパーブーツは美しいの一言です。

9-3 アメリカの紳士靴の特徴

本国生産を維持するブランドはもはやごくわずかですが、靴作りの機械化に多大な貢献を果たしたのがアメリカです。その影響はヨーロッパに、そして日本にも及びました。

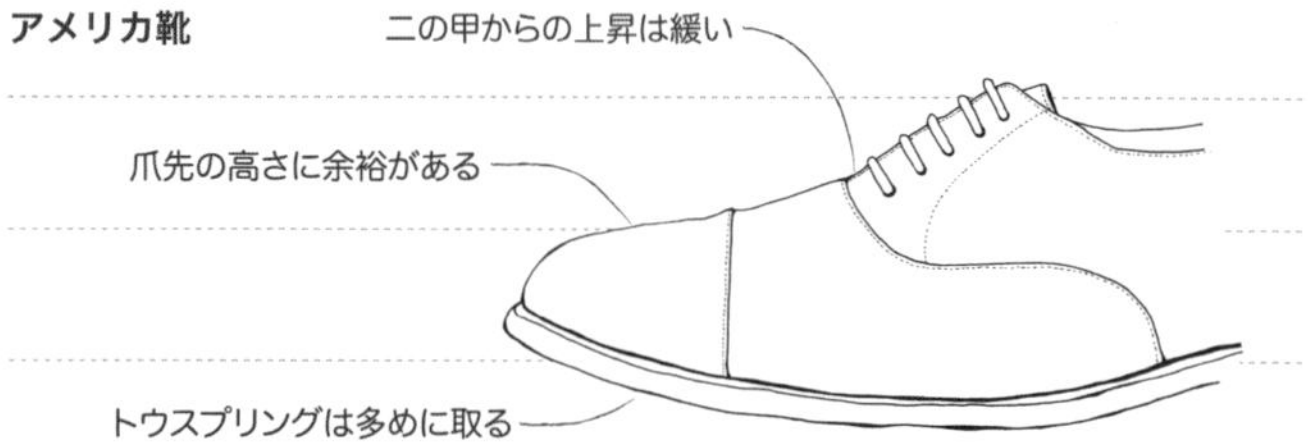

19世紀末までのヨーロッパ各国の靴の伝統を、それぞれ道具主義的に掛け合わされていった結果がアメリカの紳士靴の姿と言えるのかもしれません。爪先から二の甲までは高めな一方でそこから履き口までは低空飛行となる側面は、歩行時に指の「まねき」が十分行えると同時に甲をしっかり押さえる役割を果たすため。また丸みを十分に持たせた底面は歩行を少しでも楽にするためなど、シルエットにもその合理性が顕著に出ています。

今日でも多く用いられるグッドイヤー・ウエルテッド製法やマッケイ製法が開発されたのは、ヨーロッパではなく何を隠そう19世紀中後半のこの国です。西部開拓による人口の急拡大や南北戦争による軍需の急増を救い、それまでの手作業による底付けに代わり生産量を莫大に増やしていきました。広大な国土を有するだけあり、その後の既製靴産業は消費者の多い地域ごとに発展した感があるものの、今日では国内で生産する紳士靴メーカーはごく限られた数になり、この国で販売されるもののほとんどが海外生産のものです。ただし、ワークブーツにまで視野を広げると、アメリカ製にこだわる会社も多く存在します。

アメリカの主な既製靴メーカー・ブランド

Alden

創業地の北東部・マサチューセッツ州でいまだに製造される、アメリカ製を貫く希少なメーカーの一つで、アッパーにコードヴァンを用いたものが有名です。足を考え抜いた木型やデザインは普遍性が高く、流行を超えた存在として多くのファンを抱えます。

Allen Edmonds

ここの主要な靴は本体とヒールとの接合に釘を全く用いないので、中敷がありません。またシャンクも鉄製ではないので履き心地が大変柔らかく、慣らし履きの短さでは定評があります。主要品は創業地の北中部・ウィスコンシン州でいまだに生産されています。

Bass

ここの名物は何と言っても“Weejuns”の名を持つコインローファーでしょう。素足で履けてしまう一方でブレザー程度ならタイドアップも可能で、手頃な価格の割に使い道は多様です。もはや中南米での生産になったものの、雰囲気は十分に残っています。

Cole Haan

シカゴ発祥のブランドです。微妙にラテンヨーロッパ的味付けをするのが得意で、1980年代にはBassのものを超える人気だったローファーもしかりです。現在の親会社はナイキで、「エアシステム」を筆頭にここの先端技術を用いた作品も数多くあります。

FLORSHEIM

かつてはアメリカ靴の最高峰的存在でした。海外製の廉価な靴ばかりとなったこのブランドの現状は、アメリカ総カジュアル化の典型ですが、日本限定で復活したコブラヴァンプにも刺激され、本国でもモダンに原点回帰を試みた動きが始まっています。

Johnston & Murphy

以前はニューヨーク近郊に会社があり、いまだに東海岸の印象が強いブランドです。昨今は生産がほとんど海外になったものの、本国生産のものもわずかに残っています。1980年代中盤から2008年まで、日本ではREGALがライセンス生産していました。

9-4 フランスの紳士靴の特徴

この国の他の文化と同様に、伝統性と最先端とが同居しているのがフランスの紳士靴です。現代美術的な感覚をディテールにサラッと採り入れてしまう感覚には脱帽です。

デザイン面で常に時代の最前線を突き進む一方、設計思想の根幹は非常に頑固なのがフランスの紳士靴です。製法やシルエットが各社バラバラだからこそ、それぞれの特徴も際立ちます。

フランスの主な既製靴メーカー・ブランド

AUBERCY

パリの靴ながら、昔のイギリス靴的気高さも感じられ、しかも生産はイタリアです。本国では数年前から始まった誂え靴も好評です。

Berluti

21世紀以降の紳士靴の価値観激変を牽引した、LVMH傘下のブランドです。色使いや刺青《いれずみ》的な模様は、靴と言うよりアートです。

J.M. WESTON

かつては普遍的な造形と豊富なウィズ展開がポリシーだった、中部リモージュが拠点のメーカーです。近年の若返り化ははたして……。

JOHN LOBB

ロンドンの誂え靴専門店の、以前のパリ支店をエルメスが買収したブランド。既製靴は原則英国製ながらモダン化が近年顕著です。

Paraboot

自社生産するラバーソールの評価が高い、南東部グルノーブルのメーカーです。頑丈さと雨雪に強いアッパーにも定評があります。

Pierre Corthay

エッジの立った鋭い爪先が得意技です。イタリアでの委託生産に妥協できず、現在ではパリ近郊の自社工房で製造されています。

9-5 他の国の紳士靴の特徴

これまで出てきていないヨーロッパ諸国を中心に、特徴ある紳士靴を作り出す国をまとめて紹介します。中にはえっ、と驚いてしまう国の名もあるかもしれませんよ。

ドイツ

他のヨーロッパ諸国の靴とは明らかに異なる性格を有しているのが、今日のドイツの紳士靴です。この国のカジュアルシューズやサンダルと同様に、最も重視するのが「足への快適性」で、爪先の形状や製法はそれを具現化した形になっています。第一次大戦で足を負傷した軍人の治療を円滑に行うべく、整形外科的な意見に基づいた靴を製造するようになったのがこの傾向が顕著になったきっかけです。

さらにそれが、中世からのギルドに由来するマイスター制度と結び付き、「調整代の広い既製靴」という新たな分野を築き上げました。具体的には「アインラーゲン」と呼ばれる着脱自在の専用中敷を、靴店に駐在する「オーソペディックシューマイスター」と呼ばれる国家資格保持者が、持ち主の足に合わせて加工したり交換したりします。足に余計な負担をかけない様々な工夫をアインラーゲン自体に凝らしたものも非常に多いです。

スペイン

紳士靴の場合は地中海西部に浮かぶマヨルカ島などで主に生産が行われています。スペイン内戦やその後のフランコ独裁による国内混乱もあり、本格的に脚光を浴びるようになったのは1990年代に入ってからと言ってもよいでしょう。スタイルはイタリアの影響下にありますが、イギリス的な堅めのデザインのものもうまく作ります。

その他

ブラジルやインド、それに中国の靴も無視できない存在になりつつあります。例えばモカシン縫いに代表される「手」の要素が濃いディテールは、これらの国々のトップレベルの靴なら、もはやヨーロッパのものと遜色ありません。

9-6 日本の紳士靴の特徴

日本人が西洋式の靴を履き始めて、まだ百数十年です。履く人の足型や意識の変化に応じて、紳士靴に求められる形は徐々にではありますが、変化する傾向にあります。

2000年代に入ってからの日本の紳士靴の変化には、非常に目を見張るべきものがあります。具体的には、それまでの甲高幅広一辺倒の設計から方針を転換し、現在の日本人の足形を真摯に捉え、甲や土踏まず、それに踵をしっかりフィットさせるのを「恐れない」傾向が、ようやく出始めているのです。

住環境において欧米とは全く異なる「靴脱ぎ文化」を有する我が国では、「脱ぎ履きのしやすさ」を優先したいがゆえ、これまではスリッポンを代表とする緩慢な靴が好んで選ばれがちでした。

しかし1990年代以降、欧米の紳士靴で「自分の足に合わせる」ことの大切さ・快適さをやっと実感できるようになった「一段上の消費者」を振り返らせるべき商品が求められた結果が、この傾向に表れていると言えます。生活環境の変化に応じ、日本人の足形自体が徐々に西欧人的に変わりつつある事実も影響しているでしょう。

日本の紳士靴の歴史は幕末期がスタート地点となります。比較的初期の段階から、しかも欧米とほぼ同時期から機械式の製靴法が浸透し、戦前までは主に軍靴需要に支えられ産業の基礎が整備されました。民間需要が爆発的に増えたのは1950年代から70年代にかけてです。この時期には欧米の靴メーカーとの間で技術提携が数多く結ばれ、ライセンス生産品が市場に豊富に出回るだけでなく、靴メーカーごとに現在に繋がる独自の技術も蓄積されていきました。

技術力と仕上げの丁寧さでは、日本の紳士既製靴はもはや世界的にもトップレベルです。大きなメーカーでもパターンメード制度を導入するなど、運用上の機動力の面では、むしろ最先端を走っているかもしれません。

日本の主な既製靴メーカー・ブランド

OTSUKA M-5

旧海軍の軍靴製造を主に請け負い、今日でも皇室向けの誂え靴を作り続ける大塚製靴が送り出す渾身の既製靴ブランドです。伝統とモダンの絶妙な調和が魅力です。

Perfetto

これまでの日本の紳士既製靴には見られなかった凛とした色気を持つブランドです。製造元のビナセーコーはＯＥＭ生産も多数手掛けており、その集大成と言えます。

REGAL

我が国を代表する靴メーカーですが、元来は戦前の軍靴製造の経験を活かしたアメリカのライセンスブランド名でした。最近はパターンメードにも注力しています。

SCOTCH GRAIN

グッドイヤー・ウェルテッド製法を頑なに守るヒロカワ製靴のブランドで、革質へのこだわりでも有名です。デザインも近年は洗練度を増しています。

SHETLAND FOX

REGALが１９８０年代に作った上級ブランドを、２００９年に本格復活させました。見た目とフィット感を高度に両立させた造形は、日本の靴の進化の証しでしょう。

UNION IMPERIAL

「マレリー」などで有名なユニオン・ロイヤルが送り出すブランドです。ハンドソーン・ウェルテッド製法九分仕立てが主体で、気持ちラテン的な雰囲気を有します。

Yoshinoya

日本の手作り紳士靴の灯を守り抜くのに大貢献を果たした銀座ヨシノヤ。品格と履き心地が両立したハンドソーン・ウェルテッド製法九分仕立ての靴が有名です。

謹製誂靴

数多くのＯＥＭ生産を手掛ける宮城興業が主宰するパターンメードシステムです。日本の既製紳士靴が今後も生き残っていくためのヒントが、ここに存在します。

三陽山長

２０００年のこのブランドの登場が、日本の紳士靴再評価のきっかけになりました。意匠こそ当時と変化していますが、靴名を典型とする「和」の精神は不変です。

第３部 大切に履きこなしたい人のために

10. 良い靴は新品の時より、育ちます！

この章と次の章では、靴に興味のある方なら誰しも関心を持っていただきたい……にもかかわらず、系統だった解説が意外となされていない、「靴のお手入れ」に焦点を当てます。まずこの章では、アッパーの素材別の基本的なお手入れ方法についてだけでなく、それに用いる道具についても詳しく解説してまいります。靴のお手入れが大好きな方はもちろん、「なんか面倒なだけみたいだし……」とか「どうお手入れするのが正解なのか、どうも信念が持てないなぁ……」と思われていらっしゃる方こそ、ぜひともご一読願います。靴本体の価格にかかわらず、必ずその寿命を延ばすのに役に立ちますから！

なお、革の名称については８章もご参照ください。

商品協力：株式会社R&D
株式会社ルボウ

10-1 お手入れ以前に大切な事柄

お手入れ方法そのものをご紹介する前に、日頃の靴の取り扱いで大切なポイントをいくつかお話しします。わずかな配慮ですが、これをする・しないで靴の寿命は激変します。

必ず靴ベラを使って履く

日本の一般的な家庭の玄関には必ず備えているので、無意識に使っている方ばかりでしょうが、靴ベラの存在理由とは、果たして何でしょう？「靴の中に足を入れやすくする」も正解ですが、さらに重要な使命があります。「履く際に靴を壊さない」です。

2章でも触れましたが、大抵の靴の踵《かかと》には、アッパーとライニングとの間に、「月型芯」と呼ばれる芯地がその周囲を取り巻くように入っていて、足の固定のみならず靴の形の保持にも大いに貢献しています。ここが踏みつけられてしまうと、必然的に足が靴の中でブレるようになり、履き心地が悪化するだけでなく、結果的に他のパーツの不要な損傷も早く生じ、靴全体の寿命が一気に縮みます。靴ベラはそれを防ぐ役割があるのです。

月型芯

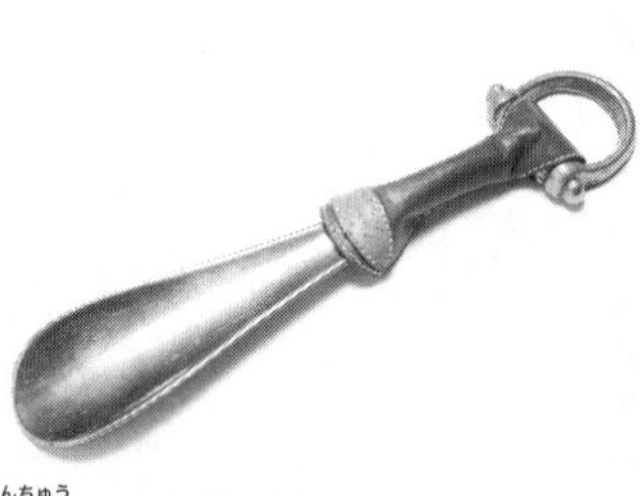

真鍮《しんちゅう》でできた靴ベラ

踵が潰れると、靴の見栄えが悪くなるばかりではないのです。カジュアルシューズではここを踏んで履ける構造のものが最近登場してはいるものの、普通の靴ではそれを絶対に行わないでください。

持つ時は爪先を触らない

靴の爪先はその全体の雰囲気を決定づける、極めて大切な領域です。人間の身体にたとえれば顔のようなもので、だからこそメダリオンのような美しい飾りが付いたり、その部分だけ油性ワックスをつけて光らせる場合があるのです。

先頭の部分ですからつい触ってしまいがちなのですが、そこが手脂でベタベタ汚れてしまうと、靴の見栄えが一気に悪くなるのはご想像に難くないと思います。また、こちらも2章で触れましたが、大抵の靴の爪先には、アッパーとライニングとの間に「先芯」と呼ばれる芯地が入り、靴と足の爪先を保護する役割を果たします。つまり、ここをむやみに押すと先芯に損傷を及ぼしかねず、任務を十分果たせなくなる危険もあるのです。

では靴を持つ際にはどうすればいいのか？　実は非常に簡単で、アウトソールの最もくびれている部分を下から押さえてみましょう。これで十分靴を固定できます。自らの靴だけでなく、靴売り場でも礼儀として気をつけたいことです。

シューレースは都度結び直す

これも言われて気づく事柄ですが、靴のフィット感を調節するのがシューレース＝靴紐の第一義的役割です。面倒に思うかもしれませんが、脱ぎ履きの際のみならず状況に応じて靴紐をその都度結び直すのをお勧めします。

1日の間でも確実に変化する人間の身体の中でも、足は体温や汗それに運動量などで膨張や収縮を繰り返し、その振れ幅が非常に大きい領域だからです。シューレースでの微調整を通じて、足が靴の中でグラつくのを防ぎ、常に快適な歩行を補助するだけでなく、間接的に靴にも余計なダメージを与えずに済みます。

家の中では靴を脱ぐ我が国特有の事情もあり、時間を節約したいがゆえにシューレースをユルく結んだ状態で靴を脱ぎ履きする光景が、半ば当たり前になっています。これは靴にも、そして足にも良くない習慣ですので十分ご注意願います。ちなみに靴の伝統が長い欧米では、「靴紐ユルユル履き」は、お行儀の悪い典型事例ですので、彼らと付き合いのある方は特に気をつけましょう。

なるべく同じ靴を2日以上続けて履かない

両足で1日にかく汗の量は、平均コップに半分強。季節や他の条件で異なるものの、足はその大きさの割に多汗な部位であるのは間違いありません。靴下とともに靴も、その多くを黙々と受け止めてくれます。

一部は着用中に放出されるものの、汗の多くは靴を脱いだ後でもその中に滞留してしまい、完全に乾き切るのに少なくとも丸2日かかると言われています。例えば出張や旅行で荷物を少なくすべく1足の靴を連日履き続けると、内部がだんだん湿っぽく感じるようになるのは、要は汗がその中で飽和状態になっているからです。その影響はライニングやインソールだけでなくアッパーにも徐々に出て、悪臭やカビ、さらにはひび割れの悲劇に陥る場合もあります。

それを防ぐ方法はただ一つ、できる限り同じ靴を何日も連続着用しないことに尽きます。最低でも中2日、できれば中3日以上のローテーションが組めるよう靴を買い揃えていけば、結果的にすべての靴がより確実に長持ちするようになります。

履かない時はシューキーパーを入れる

アッパーの形状を保持し、アウトソールの不必要な反り上がりを元に戻すのが、シューキーパーの役割です。主に木製（この場合は「シューツリー」と呼ぶ場合が多いです）とプラスチック製がありますが、前者は靴の中の汗を取り除く効果も期待できます。

靴の形状に合った前者のものを靴ごとに取り揃えておくのがベストではありますが、それなりの値段がするのも事実。後者も最近は良品が増えているので、より現実的なのは、木製とプラスチック製を上手に併用する作戦でしょう。

①帰宅した直後は、あえてシューキーパーを入れず靴の中の湿気を自然放出させる。

②翌日家を出る際に、前日履いた靴に木製のシューキーパーを入れ、それに湿気を十分吸わせる。

③さらにその翌日、その靴に保管用のプラスチック製のシューキーパーを入れ、靴棚に収納する。

前述した靴のローテーションも考慮した上で、シューキーパーも例えばこのように役割分担させて使い回すのが得策です。

プラスチック製のシューキーパー

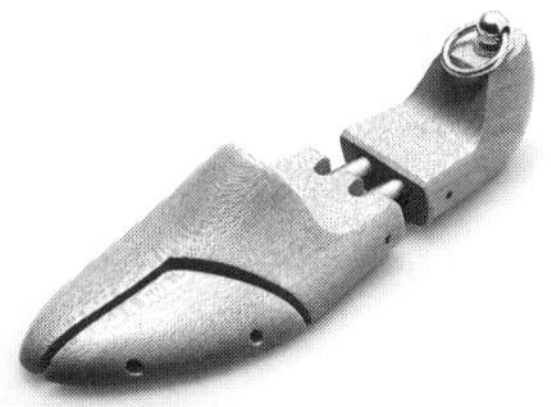

木製のシューキーパー

収納場所にも気をつける

靴棚を開けたら靴の中も外も、いつの間にやらカビだらけ！　そんな厄介な経験したことありませんか？　詳しくは11章で解説しますが、特に黒いカビは一度生えると必ず跡が残ってしまうので、その発生を何としても避けたいところですが……。

住環境が狭小にならざるを得ない我が国では、スペース効率上靴棚が空気の流れにくい場所に置かれがちです。また、仮に押入れなどで保管するにしても、コンクリートがまだ固まり切っていない場合も多く、湿気は思いのほか溜まります。こういう環境で少しでも気を抜くと、瞬く間に靴にカビや嫌な臭いが生じてしまうのは、当然と言えば当然。

お掃除の度に靴棚も換気をするとか、吸湿ポットを置くなどの配慮は、やり過ぎかなと思うくらいで構いません。また、少なくともブラシなどで汚れやホコリを軽く落としてから靴をしまうように心掛けてください。カビの発生率は確実に落ちますし、汚れも蓄積しないのでイザ本気で靴磨きの際、圧倒的に楽にできるからです。

10-2 まずは基本。牛革の靴のお手入れ

「お手入れ」とは単に靴の表面を光らせるだけではなく、革から汚れを取り除き、その内部に水分や油分を補給する過程です。二つもしくは三つの段階に大別されます。

ステップ1 最初に汚れ落とし

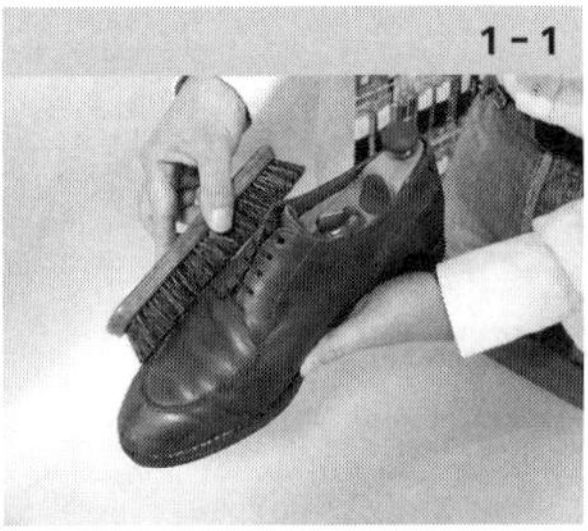

まず馬毛製のブラシで埃《ほこり》を落とします。例えば泥汚れがひどい時などは、おしぼりより気持ち水気が多い程度の雑巾で、靴全体をまんべんなく拭いても構いません。なお、お手入れの際はシューキーパーを入れて行うと、作業がはかどりシワものびるのでお勧めです。

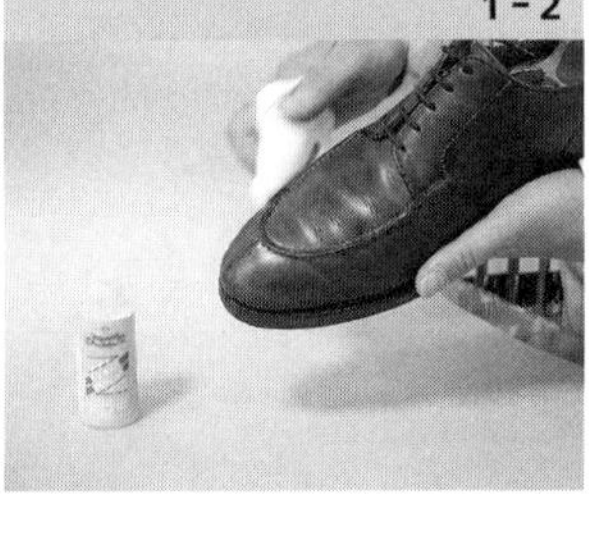

コットンパフなどに液体クリーナーを取り、靴全体を拭きます。油性の汚れや古い靴クリームを落とすのが目的です。布の面をその都度入れ替え、常にきれいな面で拭き取るのがポイントです。軽く拭けば十分で、ゴシゴシ力を入れ過ぎると革にダメージを与えかねず逆効果です。コバや履き皺の部分は汚れが溜まりやすいので、わずかに念入りに拭きましょう。

ステップ2 次に栄養補給

2-1

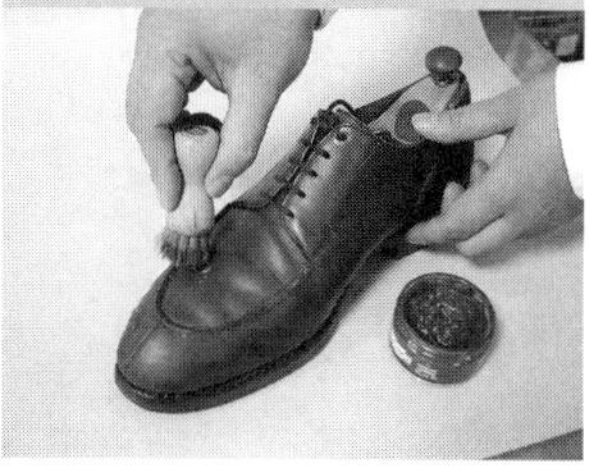

歯ブラシのような小ブラシで乳化性クリームを塗り、靴に水分と油分を補給します。分量は片足で米粒2~3粒程度と少なめで大丈夫です。まず靴の数カ所に均等に点付けし、それをサッと素早く全体に広げるのがコツで、最近は専用のブラシも売られています。

2-2

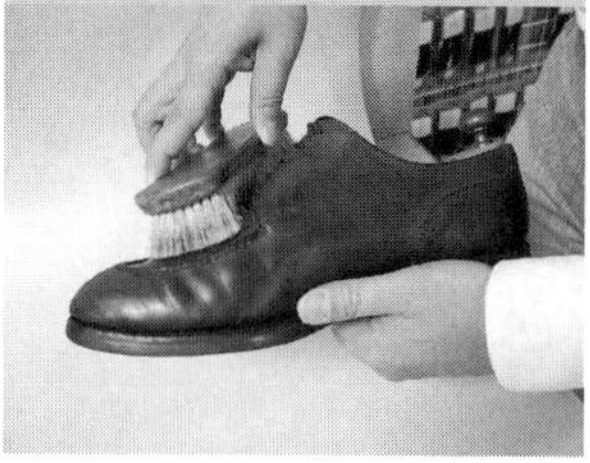

豚毛や化繊製のブラシでブラッシングします。これで乳化性クリームをさらに均等に靴に広げ、同時に余分なそれを「掃《は》い落とし」ます。よほどソフトな革や色の薄い革でない限り、力を入れてブラッシングしていただいて構いません。革のコンディションが良ければ、この時点で革に輝きがほぼ蘇ってしまいます。

2-3

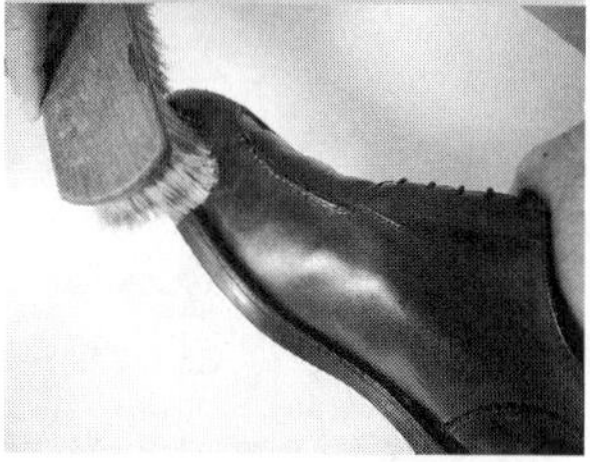

忘れてしまいがちですが、縫い目や履き皺、コバの部分も忘れずにブラシを入れましょう。一見面倒に思うかもしれませんが、ブラシを用いると乳化性クリームもダマにならず、乾拭《からぶ》きする布の繊維も靴にこびり付きません。しかも圧倒的に早く仕上げられます。

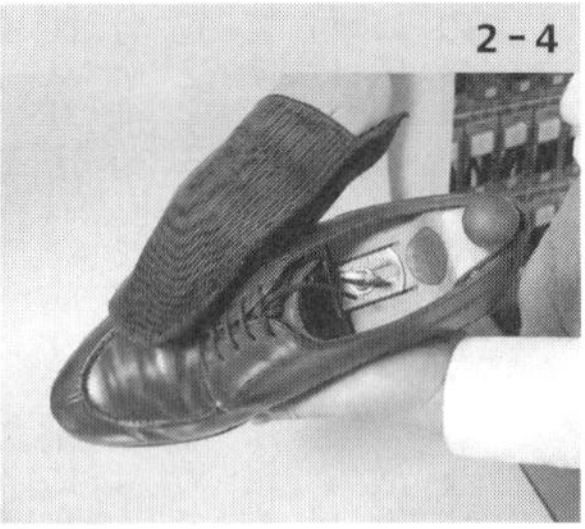

2-4

続いて着古したTシャツのような布で乾拭きします。余分な乳化性クリームをさらに「取る」「落とす」感覚で行うと効果的です。布も磨く場所をその都度変え、靴クリームがそれに付かなくなる程度まで拭いてください。ここまですれば、革の表面はもうツルツルのはずで、ここで終了してしまっても構いません。

ステップ3　さらにピカピカにお化粧

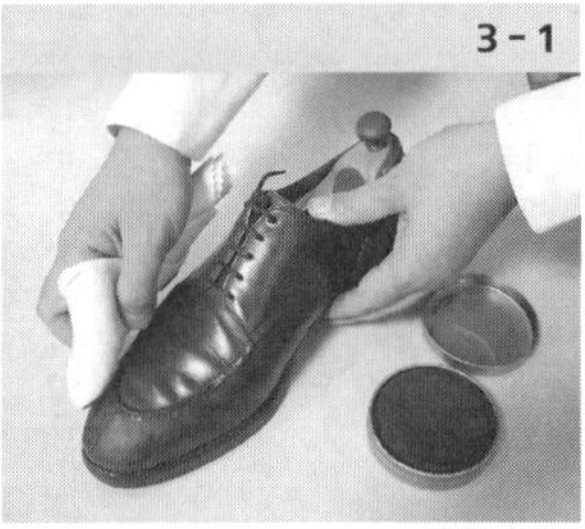

3-1

お好みに応じて、油性ワックスをごく薄く塗ります。こちらはブラシではなく、必ず布で塗ってください。油性ワックスは光沢＝表面保護性と防水性には優れますが、通気性は損ねてしまうので、塗るのはキズ防止に爪先と踵（＝芯が入っているので曲がらない領域）、それにコバのみで十分です。

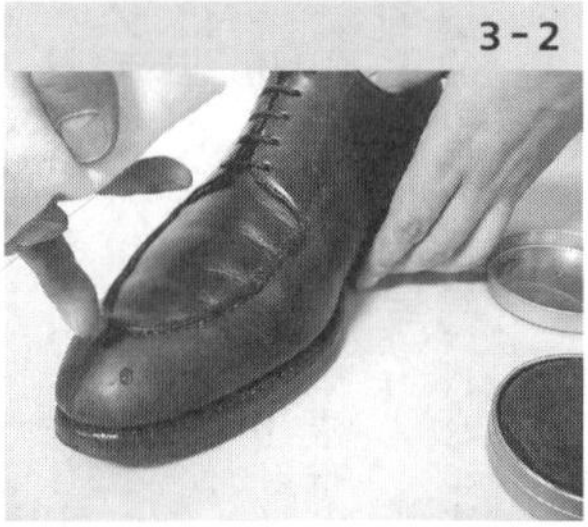

3-2

1~2分程度放置し、油性ワックスに含まれる溶剤を飛ばして蠟分を固まらせた上で、水をほんの1滴たらします。特段何の変哲もない水ですが、輝きを倍増させる秘密兵器がこれです。お好きな方はちょっと贅沢に、ウイスキーやシャンパンでも構いませんよ！

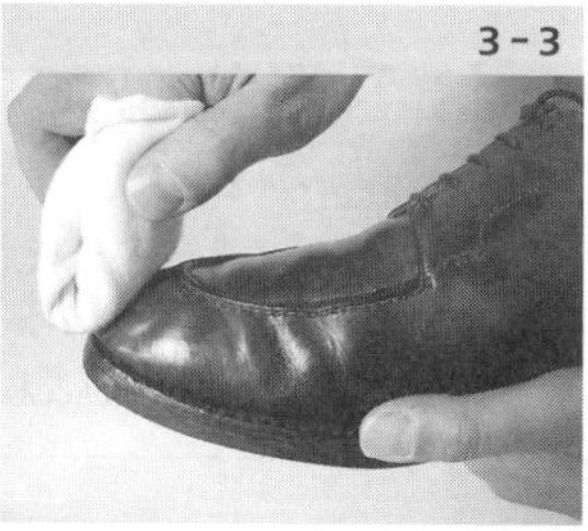

3-3

乳化性クリームの場合とは対照的に、油性ワックスを靴に「載せる」感覚で優しく、細かいストロークで乾拭きします。この際の布は綿ネルのようなフワッとした感触のものがいいようです。お好みの光沢が出るまで、時間をゆっくりかけて3-1~3を繰り返してください。

慣れれば絶好の気分転換に

ここまで実行すれば、見た目はもちろん革の柔軟性に歴然とした変化が生じます。ちなみにラップタイムは、慣れれば片足で10分もかからないようになります。油性ワックスで輝かせるのが好みでない方はステップ2までで十分ですから、片足わずか5分程度で済みます。これならさすがに朝の忙しい時は無理でも、休日のヒマつぶしには最適な時間でしょう。

靴を履く度に毎回このお手入れを行う必要はなく、アッパーの革にやや「疲れ」や「空腹感」を覚えるようになったらで大丈夫です。日頃はしまう際に馬毛製のブラシでブラッシングをして、その日に付いた汚れやホコリを掃う程度で構いません。履く環境にもよりますが、大体5~6回履いたらこのお手入れをすればよろしいでしょう。

ただし、悪天候の日に履いた際は、履いた頻度にかかわらず、ゆっくり乾かした後にこれをきちんとしておくと、ひび割れなどのダメージは確実に防げます。また、新品の靴も必ずステップ2以降を施した後に履き下ろしてください。靴工場から出荷する前にもお手入れは一応なされていますが、その後に様々な要因で革が意外と乾燥してしまうからです。

お手入れの楽しさが見えてくると、どんな靴でもピカピカに光らせてしまいたくなってしまうものです。でも、靴だけ光り過ぎるのも実は考えもの。履く場や他の装いを含めた「あんばい」がわかりはじめた時、靴のお手入れは、履き手の「ことば」にようやく一歩近づきます。

10-3 お手入れの道具を知る・表革編

牛の表革のアッパーをお手入れするための、主要な道具を詳しく見ていきます。しっかり理解しておけば、他の種類の革のお手入れも、原則これらとの違いで考えれば大丈夫です。

クリーナー

「M.モゥブレィ ステインリムーバー」(R&D)

乳化性クリーム

「M.モゥブレィ シュークリームジャー」(R&D)

油性クリーム(この商品は乳化性クリームと同様の使い方が可能)

「サフィールノワール クレム 1925」(ルボウ)

クリーナーはあくまで汚れ落とし

革から汚れだけでなく、古い乳化性クリーム・油性ワックスを取り去るのがクリーナーの役割です。化粧品にたとえれば、クレンジングクリームやメイク落とし的な存在です。

液体やジェル、クリームなど種類が多様で、またその効果も製品により相当異なります。純粋に汚れ落としに徹したものから、栄養分も補給され乳化性クリームに限りなく近いものまであるのですが、個人的には前者のほうがお勧めです。

どれを選ぶにせよ、必要以上にゴシゴシ用いると摩擦で革を傷めてしまうので、その点はご注意願います。軽くサッと拭《ぬぐ》う程度で、効果は十分発揮されます。

水分と油分を補充する乳化性クリーム

革に必要な水分と油分とをバランス良く与え、適度な艶をもたらすのが乳化性クリームの役目です。化粧品ですとスキンケア用品や基礎化粧品のような存在です。

主成分は水分・油分そして蠟《ろう》で、油分＝栄養だけでなく革にしなやかさを与える水分が十分入るのが特徴です。成分上、微妙な色の調合が容易なため、色数も非常に豊富です。

瓶あるいは金属チューブに入っており、前者は一般的な効能のものが主流である一方、後者は着色力に優れ拭き取りが楽とか、汚れも落とせてクリーナーが不要など、特別な機能を付加した製品が多いです。いずれにせよ、1回に用いる量は片足で米粒2〜3粒程度で大丈夫です。

無色と色付き、どちらにすべき？

実は乳化性クリームには「無色（ニュートラル）」と「色付き」があり、どちらにすべきかで売り場で迷った経験がある方も多いはずです。

どちらも絶対ではありませんが、指針を一つ挙げますと、

「靴が新しいうちは無色、履き込んだら色付き」

でしょうか。履き込むと靴には色抜けやキズ・シミなどが必然的に発生するので、その時点で色付きのほうで補色する作戦です。履き下ろしの段階から色付きをわざと用いて、結果を楽しんでしまうのも大いにアリです。

なお、特に茶系の場合は靴の色よりも少し薄いものを選ぶと、色ムラも防げ無難にまとまります。

デリケートクリームは迷った時の万能薬

さらに、同じ無色の乳化性クリームでも、白いマーガリンみたいなものと半透明のゼリー状のものの2種類が存在します。前者は普通の「無色」ですが、後者は特に「デリケートクリーム」と呼ばれ区別されています。

後者は前者に比べ油分と蠟の配合比が少ない、水分主体の乳化性クリームです。革に艶をあまり出さない反面、それらが影響するシミなどが起こりにくいのが特徴で、光沢を無理に出す必要のない革には最適なものです。

実はこれ、靴以外にも革製品全般、そして牛革以外の爬虫類系のようなものにも問題なく使えますので、一つあれば絶対に損しません！

艶と光沢を出す油性ワックス

栄養分も有しており、さらに、革にしっかりした艶や光沢を与え靴の見栄えを良くするのが、油性ワックスの本来の役割です。こちらは口紅やチークのようなメイクアップ用品と同様に考えてください。

主成分は蠟と油分で、成分の関係で金属缶入りとなります。前者が多く配合されるので、革に防水性を増す効果も有します。

ただ、塗り過ぎると革が呼吸できずヒビ割れの原因になり得るので、乳化性クリームで革に水分と油分を与えた後、芯が入る爪先と踵それにコバにのみ、靴の目鼻立ちを整えるようにこれを薄く用いるのが無難です。厚化粧が禁物なのは人間と一緒です。

小さなブラシで、乳化性クリームを靴に塗る

乳化性クリームの靴への塗り方は様々あって、布に取ったり手の指で直に塗っていくのも決して間違いではありません。ただ、一般的に最も優れているのは「小さなブラシを用いる」だと思います。

その利点は、以下のような点にあります。

①布に比べブラシは乳化性クリームを吸収しにくいので、適量を確実に入れられる。

②縫い目やコバ周りなどの細かい部分にも、乳化性クリームをムラなく入れられる。

③時間がかからず手も汚れない。

日用品では歯ブラシがこの役割にまさに最適です。ただし最近は専用の小ブラシも売られていて、これはこれで便利です。

馬毛製ブラシ「プロ・ホースブラシ」(R&D)

化繊毛製ブラシ「プロ・ホワイトブラシ」(R&D)

豚毛製ブラシで、のばして掃《はら》う!

小さなブラシで乳化性クリームを入れた後に、それを靴全体に均等にのばし、かつ余分なそれを掃い落とすのが、豚毛製の大きなブラシの役割です。

靴の通気性を保ちつつ水分と油分、時には色も補給するのがお手入れの本来の目的で、これを果たすには「のばして掃う」をしっかり行っておくことが不可欠なのです。となると必然的に、硬くコシのある豚毛製ブラシの出番になるわけです。

硬い毛だと革を傷めてしまうのが心配かもしれませんが、牛の表革でしたらまず問題ありません。最近では化繊の毛でできたブラシも、大変高性能なものが出てきており注目です。

馬毛製ブラシは、主に埃落としで活躍

一方、大きなブラシでも馬毛でできたものは、靴を履いた後に埃を落とすのが主な役割です。日頃何げなく用いる機会が最も多いブラシでしょう。

馬毛は豚毛や化繊の毛に比べ毛先が細くて柔らかいので、粘度のある乳化性クリームをのばしたり掃い落とすより、埃や軽い汚れを細かく落とすほうが得意なのです。お手入れの最後にサッとひと払いするのも、このブラシの上手な用い方です。

ただし、コードヴァンやキッドスキンのように、牛革に比べデリケートな性質を持つ革の靴に乳化性クリームをなじませる際には、馬毛製ブラシのほうが無難かつ有効です。

10-4 全く難しくない、起毛革の靴のお手入れ

一見お手入れが難しそうな、スエードやヌバックなどの起毛革。いいえ、実は表革よりはるかに簡単です。一度覚えてしまえば、もうこの種の靴に抵抗はなくなります。

ステップ1 新しいうちはこれだけで十分！

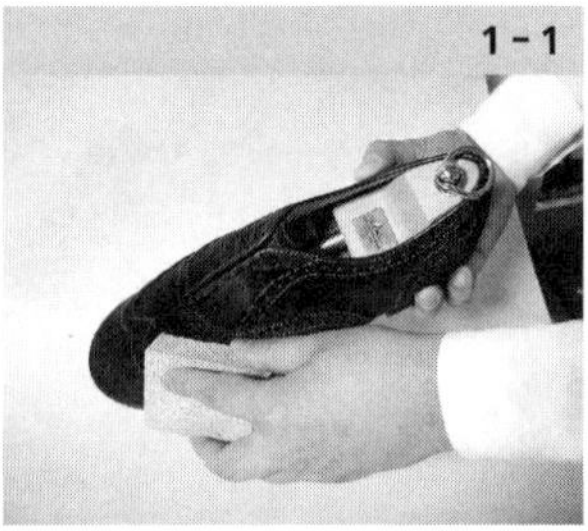

発泡した天然ゴム製のブラシでブラッシングし、泥や埃を掃《はら》い落としておきます。毛並みも同時に揃えておきましょう。また、シューキーパーを入れてケアしたほうがはかどりますし、履きジワものびます。

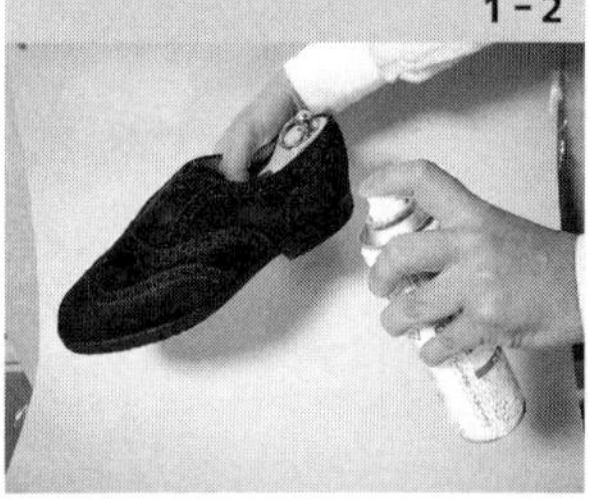

スエード専用のスプレーを靴全体にサッと吹き付けます。水分と油分を入れて革のしなやかさを維持するとともに撥水性を増し、後々の色褪せを防ぐのが目的です。スプレーは無色のもので大丈夫です。

ステップ2　黒ずんだ汚れへの対処

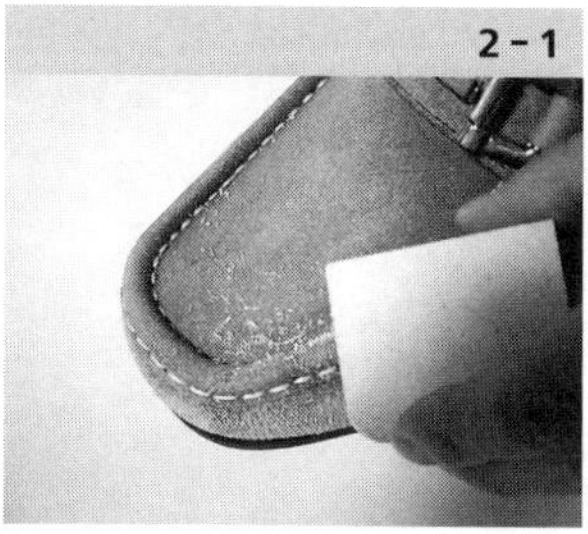

1－1では落ちなかった黒ずんだ汚れには、スエード専用の砂消しゴムで軽く擦《こす》ることで対処します。カスの中に汚れが取り込まれるので、それを取り払って再度毛並みを揃えた上で、スエード専用のスプレーを靴全体に吹き付けてください。

ステップ3　褪せた色を蘇らせる

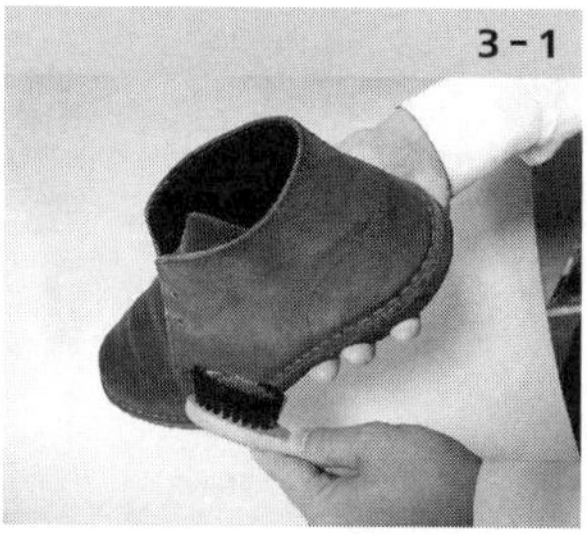

スエード専用のワイヤーブラシで、まず汚れや埃を掻き出します。テカリが出ていたり毛並みが荒れている場合は、毛を起こす感覚でスナップを利かせてブラッシングするのがコツです。

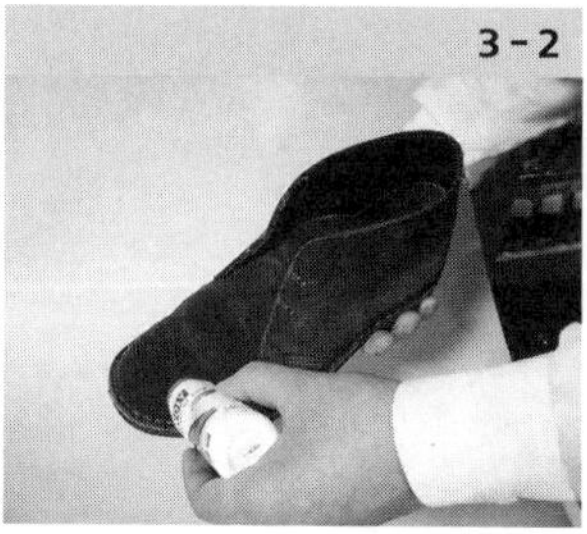

スエード専用の補色ローションを靴全体に塗り込んでください。色褪せしている部分は、特に念入りに。塗りムラを防ぐのと色のチェックを兼ねて、事前に紙の上などでスポンジにローションをなじませておくと確実です。また、色調は靴の色より若干薄めのものを選べば大丈夫です。これで補色だけでなく水分と油分も入りますし、撥水性が回復します。

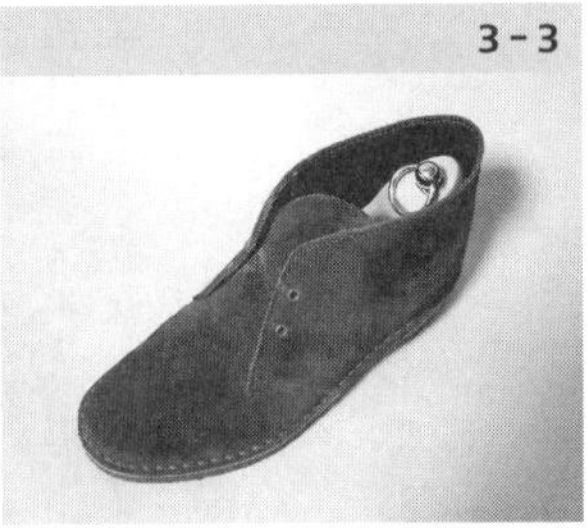

ローションを塗った直後は色ムラになっているような感じですが、水分をまだ含んでいるのでそう見えるだけ。乾けばこのムラは消えます。乾燥後にもう一度ワイヤーブラシで今度は軽くブラッシングし、毛並みを揃えてください。

雨にも強く、お手入れも楽！

ここまで行えば色合いも起毛した風合いも、とても同じ靴の革には見えなくなるはずです。しかもラップタイムは片足で、ステップ3でもわずか5分程度（乾燥に別途時間がかかりますが）、ステップ1なら何と約1分です。表革のお手入れに比べ圧倒的に簡単ですので、履き下ろしの段階から、色落ちなどのダメージを確実に防ぐ意味でも、靴を履く度に毎回ステップ1をするのをお勧めします。

ちなみにこの色落ちは、表面が凸凹ゆえに色が定着しにくいから起こるものです。しばし耳にする「起毛革は雨に弱い」説は、実はこの色落ちに関してのみで、それ以外の点では特に牛のスエードは表革以上に雨に強く、しかも耐久性のある革です。

起毛で表面張力が働き、雨などの水滴が革の内部に染み込みにくくなりますし、特に革の組織で一番丈夫な銀面を残して鞣されたものは、それが裏面となるので、そこが最後にダメージを受けることになり、表面割れが起こりにくいからです。雨が多いはずのイギリスで、耐久性も求められるカントリーシューズの代表例が茶色のスエードのものである理由が、何を隠そうこれです。質感が粗野で雰囲気があるからだけではない、用途・機能最優先の合理的発想なのです。

10-5 お手入れの道具を知る・起毛革編

無理に光らせる必要のない起毛革は、お手入れ用品も表革のものとは全く種類が異なります。ただし、革から汚れを取り除き、内部に水分や油分を補給する基本姿勢は同じです。

日頃のお手入れには専用スプレー

起毛革のしなやかさを長続きさせるには、履く度に専用の「無色の保革スプレー」を用いるのが大きな鍵となります。革に適度な水分と油分を補給することで、革の特性を保つと同時に汚れや雨の浸入を防ぐ役割を果たすからです。

表面が凸凹した起毛革は、染色が定着しにくいだけでなく表革より表面積が広いため、放置しておくと乾燥による色褪せがそれよりはるかに早く起こり始めます。この種のスプレーは前記の作用を通じ、それ自体は無色でも革の色調をある程度保持する機能も持ち合わせます。

この専用スプレーではなく、撥水スプレーで代用される方が、実は非常に多いようです。兼用できる製品もありますが、両者は本来別物ですのでご注意願います。

専用ローションで適宜補色

薄い色合いのもの以上に、ダークブラウンなどの濃い起毛革の「白けた印象」が徐々に目立ってくるのは避けられません。そんな時に活躍するのが補色ローションです。

成分的には無色の専用スプレーに染料を加えたものなので、何回かに1回かは定期的にこれでお手入れすれば大丈夫です。靴本来の色よりも若干薄いものを用いると、仕上がりが不自然になりません。

「ウォーリー スエードカラーフレッシュスプレー」(R&D)

スプレー式とスポンジ式があるのですが、こちらは後者をお勧めします。前者よりも、
・染料が深く定着する。
・部分的な色褪せにも対応しやすい。
・拡散しにくく、手や指が汚れない。
などの利点があるからです。

「ウォーリー スエードカラーフレッシュリキッド」（R&D）

履く度に使いたい、ブラシ？

下の写真はスポンジ、ではありません。これこそ起毛革に最適な「ブラシ」で、天然ゴムを細かく発泡させることで独特の柔らかさ・弾力性を持たせたものです。

凸凹のある革に細かく密着し、埃を確実にかき出すと同時に、表面にダメージを与えずに毛並みも綺麗に整えてくれます。

スポンジ状のこの種のブラシが日本に登場してから、実は年月はあまりたっていません。

それまで日頃のお手入れ用には、今日でもしばしば目にするスニーカーの底状のゴム製ブラシが最適とされていました。それも効果は十分あるのですが、使い心地の点でやや劣る感があります。

「ウォーリー スプラッシュブラシ」（R&D）

頑固な汚れは、「砂消し」で削り取る！

薄い色の起毛革に濃い汚れが付いた時や、タールなど通常のブラッシングでは取れない粘着性の汚れが付いた時に活躍するのが、俗に言う「砂消し」です。合成ゴムに研磨用の細かい砂を配合して固めたもので、以前はボールペンの文字を消すのに使われていた、あ

れです。

汚れた箇所にこれを押し付けてこすると、消しカスに取り込まれて汚れが落ちます。研磨用の砂が含有された上で「削る」という行為を行うので、革を傷めないように力を入れず用いるのがポイントです。使い終わったら必ずブラッシングして、消しカスを取り除くのを忘れずに。

毛並みが乱れてきたらワイヤーブラシ

日頃のお手入れを十分していても、起毛革の場合は色褪せだけでなく、毛足の乱れ・潰れが起こりがち。それを回復させるにはワイヤーブラシの出番となります。

主要部が真鍮《しんちゅう》なので、いかにも「ブラシ」な面持ちです。毛先を再び起こすパワーが強く、長持ちもするので、真鍮は硬くコシのあるものがお勧めです。

起毛の状況次第ではスナップを利かせてブラッシングすると効果的なので、その意味でもしっかりした真鍮のものを選んでください。起毛革は製造工程ですでにヤスリ掛けが行われていますから、毎回でなければこの種の硬いブラシを用いても平気です。

「P-ワイヤーブラシ」（R&D）

正目と逆目の使い分け

実は起毛革は「毛をどの向きに揃えるか」で、見え方がまるで変わるのも大きな特徴です。毛足の長いものほど、その差が顕著に出ます。

正目：毛並みを寝かせている状態。色合いが白んで見えます。

逆目：毛並みを立たせている状態。色合いが黒ずんで見えます。

一言で申せば、正目は軽快で落ち着いているのに対し、逆目は重厚で野趣溢れる印象が強いです。どちらにするかは履き手の自由ですが、ブラッシングの際は、「まず逆目で汚れ・埃をかき出し、次に正目で毛並みを整える」が大原則です。それが無事終わったら、お好みの方向で仕上げてください。

10-6 オイルドレザーの靴のお手入れ

通常より多くの油分が加えられて鞣《なめ》されるがゆえ、革の厚みの割に柔らかい風合いに仕上がるオイルドレザー。お手入れの鍵も、この「しっとり」をどう維持するか、になります。

「サフィール ダビンオイルHP」（ルボウ）

オイルドレザーのお手入れは、表革のお手入れの方法と実はほとんど変わりがありません。数少ない違いは、栄養補給を行うために用いる道具です。表革では乳化性クリームを使いますが、オイルドレザーではこれが**ミンクオイル**に替わります。

ミンクオイルとは、その毛皮が作られる際、皮下脂肪から抽出される油分を添加したお手入れ用品です。今日では羊毛から採れるラノリンや、それと似た成分を添加し同様の効能を持つ製品もたくさん出回っていますし、これらを基に、革の艶や撥水性それに柔軟性を増す目的で、蜜蝋《みつろう》や樹脂などを添加した商品も豊富です。

乳化性クリームの主成分が水分・油分・蠟であるのに対し、ミンクオイルの主成分は圧倒的に油分です。オイルドレザーのお手入れで最も大切なのは、表面に艶を出す以上に撥水性やしっとりした風合いの源である油分を浸透・維持させることなので、それは見事に条件を満たしているわけです。

お手入れする際はミンクオイルを靴に一度に大量に含ませないよう注意！柔軟性が必要以上に出てしまい、靴の型崩れの原因になるからです。入れ過ぎたと感じたら、ブラッシングや乾拭きで調整してください。

なお、これを靴に入れる際は表革の場合とは異なり、手のひらに微量取り、体温で溶かしてアッパーに直に摩り込むのがお勧めです。油分のなじみが早くなるだけでなく、手で革のしっとり感をチェックできるので、必要以上に油分を与えずに済みます。

10-7 パテントレザーの靴のお手入れ

燕尾服・タキシード以外の装いでも合わせる男性が徐々に増えている、あのキラキラ光る素材です。お手入れ自体は極めて簡単なのですが、別のところで結構気を遣います。

「ウォーリー ラックパテント」（R&D）

発明当初は、革の上から亜麻仁油ベースのラッカー剤を幾重にも覆っていたパテントレザー。水や汚れに強く丈夫な革として特許（patent）を得たものが、「靴墨で女性のドレスを汚さずに済む」と宴の礼装用に180度意味が変わってしまった、非常に面白い歴史を持った素材です。

今日ではそれがウレタン樹脂に替わったものの、「上からコーティングして革を封印する」発想自体は同じで、これこそこの革のお手入れを決める最も重要な要素です。ズバリ「樹脂面をどう守るか？」に尽きるわけで、「革」の水分や油分、それに通気性は事実上関係なく、専用のものの出番となります。

お手入れ自体は「**専用クリーム**を塗って乾拭き」と非常に簡単で、塗る・乾拭きともに窓ガラスを磨くように直線的に拭くのが光沢を出すコツです。ブラッシングは特に不要で、その特性ゆえに汚れは水拭きと乾拭きで十分落とせます。

注意すべきは、むしろ保管に関してです。革本体と分厚い樹脂の2層構造なので、温度や湿度の急激な変化で双方の収縮差が起こり、乾燥する冬場は特に履きジワの部分でパキッとヒビ割れ、高温多湿の夏場は樹脂の溶解によるベタつきや表面剥離が起こる危険があるのです。これらが発生すると修復はもはや不可能なので、保管時はシューキーパーを使って履きジワをのばし、温度や湿度が極端に変わる場所には長期間放置しないよう心掛けてください。

10-8 白い革の靴のお手入れ

真夏の休日にふと履きたい、白い革の靴。ただ、その「白さ」ゆえ汚れのみならず、次第に黄ばみが目立ってくるのが厄介です。対処方法は表革と起毛革で、180度異なります。

白色の乳化性クリーム

「ウォーリー ホワイト」
(R&D)

まず表革は、通常の場合とほとんど同じです。ただし使用する乳化性クリームは、靴が黄ばんできたら白色のものに替えるのをお勧めします。他の色のものに比べ着色成分＝白の顔料を非常に多く含むので、これで黄ばみを簡単に覆い隠せてしまえるからです。なお、瓶入りの場合は「無色」と「白」の乳化性クリームは、見た目に大変似ていてどちらも白いので、買う時や用いる時は十分注意しましょう。ブラシも専用のものを使ってください。

ちなみに他の色のものとは大きく異なり、白の表革は色合いが平板となるケースが多いのですが、それは着色の際に、染料には「純白」が存在しないので顔料を、しかもそれが剝げ落ちて革の地色が出てしまうのを防ぐために、多層かつ厚めに用いるからです。

一方、起毛革の白の場合は、汚れはともかく、黄ばみを元の状態に回復させる技術は現段階では残念ながらありません。ベビーパウダーや白墨を表面にまぶして白くする方法は、あくまで一時避難的なものに過ぎません。

起毛革は文字通り表面が毛羽立っているため、革を白くする過程で粒子の粗い顔料は定着できず、その代わりにベージュなどある程度白い色まで染め上げた後、蛍光増白剤を用いて白く仕上げます。ただしこれは時を経ると脱落してしまうので、気がつくと革が黄変し地の色が出てしまうのです。蛍光増白剤を起毛革専用の補色ローションに含有させるのも諸般の理由で不可能なので、黄ばんでしまったら長く履いた証拠と潔く割り切りましょう。

10-9 コードヴァンの靴のお手入れ

その足当たりと独特な光沢で、熱狂的なファンがいる馬の臀部《でんぶ》の裏革・コードヴァン。お手入れの方法は普通の表革と大方同じですが、美しく磨き上げるには少々コツが要ります。

「M.モゥブレィ アニリンカーフクリーム」(R&D)

8章で書いたようにコードヴァンは馬の臀部の「裏革」、つまり一種のスエードです。また、繊維組織が走る方向も、水平方向である牛の表革とは対照的に、コードヴァンは表面から見て垂直方向で、それを無理やり寝かせて鞣すことで、独特の輝きが生まれます。

これを理解できれば、お手入れのコツはわかったも同然です。靴が新しいうちは、革表面に露出する繊維組織を水や汚れから守る力の強い乳化性クリーム、具体的には透明感は秀逸ながら水ジミを起こしやすいアニリン仕上げの革用に開発された、**無色のアニリンクリーム**を用いるのがお勧めです。

一方、ある程度履き込んだ後は、起毛を寝かせ光沢を復活させる力の強いものを選ぶと失敗がありません。これは**コードヴァン専用の色付き乳化性クリーム**で大丈夫です。

また、ブラシも表面の起毛を防ぐべく、豚毛や化繊製より柔らかい馬毛製のものがいいでしょう。しかも乳化性クリームをのばすと同時に「掃《はら》い落とす」のではなく、それを「中に押し込む」ように使うと効果大です。

「サフィール ノワール
コードバンクリーム」(ルボウ)

10-10 エキゾチックレザーの靴のお手入れ

爬虫類を中心とした珍しい革の靴は、お手入れそのものは決して難しくありません。ただし、光沢の出し方で「どこまでお手入れできるか」が大きく変わります。

エキゾチックレザーの中でも特に爬虫類のものは、光沢の出し方が２種類に大別されます。一つは革の表面に重いメノウの玉を数百キロもの加重で幾度も往復させるのを通じて、摩擦と圧力で革を均質化させ、光沢を自然に出す「グレージング」と呼ばれる方法です。もう一つは主にラッカー系の仕上げ剤で艶を出してしまう方法です。

「サフィール レプタイルクリーム」（ルボウ）

前者の場合は、以下の手順でお手入れを行えば大丈夫です。

①クリーナーの代わりに、おしぼりより気持ち湿った程度の雑巾で靴全体を水拭きし、汚れを落とします。

②水分・油分の補給に**爬虫類専用の乳化性クリーム**を、革の斑や節にクリームが溜まらないよう注意しつつ、布を用いてごく薄く塗ります。

③その後は革の目に沿ってきれいな布で乾拭きします。エキゾチックレザーは表面が繊細で傷付きやすいので、ブラシは使わないほうが無難です。

一方、後者は前述の①だけしかできません。乳化性クリームに含まれる溶剤にラッカーが反応し、揮発すると同時に光沢も消えてしまうからです。ただし、両者の区別は難しいので、お手入れする際には、まずアッパーの目立たない箇所で専用の乳化性クリームをごく少量試用し、どちらなのかをチェックすることをお勧めします。

なお、爬虫類専用の乳化性クリームが用意できない場合は、蠟《ろう》分のほとんど入っていないデリケートクリームで代用が十分可能です。

第3部 大切に履きこなしたい人のために

11. 救急手当ては、早めが肝心です！

この章では、前章を踏まえた上で「しまった！」「困った！」の際のお手入れ方法を項目別にご紹介します。不可抗力的なトラブルもあれば、注意すれば確実に防げるものもありますので、単にお手入れ方法に触れるだけでなく、その根本的な原因や予防策などにもなるべく触れてみたいと思います。お手入れに使う道具には専用のもの、日頃は全く異なる目的で使っているものの双方があり、「こんな効能もあったのか！」と思いつつ読んでいただけましたら幸いです。もし下駄箱の中に、これらの原因で履かなくなってしまった靴があるようでしたら、まずはそれからお試しになってください。

商品協力：株式会社R&D
株式会社ルボウ

11-1 靴に頑固な汚れが付いてしまった！

　クリーナーなどで対応できなさそうな汚れが付いてしまったら、思い切って靴を洗ってしまいましょう。えっ、革の靴って洗えるのかって？

　大抵の靴なら大丈夫、心配ご無用です。


　例えば、雨に打たれた後の靴のアッパーで、履きジワの周辺に「白い塩」みたいなものが吹き出てしまい対応に困った経験、ありませんか？

　取りあえず拭いて取り除いてはみたものの、暫くするとまた同様に塩が出ている……。前の章でご紹介したクリーナーでもちょっと対応が難しそうな、そんな汚れが付いてしまった時は、靴を潔く「洗ってしまう」のが実は一番効果的です。

　巷《ちまた》では「革は水に弱い」としばしば言われていますが、それは例えば色落ちが起こり得るとか、他の部品の影響で革製品としては形崩れを起こし得るとかなど、副次的要素に限った話と考えていただいて結構です。鞣す際に大量の水を使うことを思い出していただければ、革それ自体は単純に「弱い」とは決して言えないことに気づくはず。やり方さえ十分気をつければ、服などと同様に、ひどく汚れてしまったら多くの革靴は外も中も洗ってしまったほうが、コンディションは回復できるものなのです。

　表革と起毛革で用いるものが異なるので、以下別々に説明しましょう。なお、これから書く「洗う」については、後述する「カビ」や「臭い」の処理にも密接に絡んでくるので、その意味でもしっかり押さえておいて損はないですよ。

■表革の場合

　アッパーが表革でできた靴を洗うには「サドルソープ」というお手入れ用品を用います。これは元々、文字通りサドル、つまり馬の鞍に付いた汚れを落とすための「石鹸」で、欧米では昔から広く使われているものです。単に革を洗う成分だけでなく、乳化性クリームとほぼ同様の成分が含まれているせいか、ヨーロッパで誂え靴を作る職人の中には、業務用のこれを牛乳の中に入れ煮立てたものを固まらせ、乳化性靴クリームの代わりに用いている人がいまだにいます。

肝心の手順は次ページの通りです。コツさえ掴めば本当に簡単！ただ、いきなりやるのも正直勇気が要るでしょうから、まずは履き古した靴で試してみましょう。

「M.モゥブレィ サドルソープ」
(R&D)

注意

ただし、中にはこのサドルソープが苦手な革もあります。具体的には以下の通りです。

アニリン仕上げの革

水性染料であるアニリンで繊細に染め上げられた革は、できないことはないですが、薄色のものだと水ジミが起きる危険もあるので、慣れないうちはやらないほうが無難です。

パテントレザー（エナメル）

表面を覆うのに使われている樹脂次第では、独特の光沢が失われる危険があるので、使わないほうが無難です。

表革と起毛革、もしくは表革とキャンバス地とのコンビシューズ

革の染料の色が起毛革やキャンバス地に色移りしてしまう危険があります。

コードヴァン

こちらもできないことはないのですが独特の光沢が失われがちなので、慣れないうちは使わないほうが無難です。

エクゾチックレザー

クロコダイルなど。これも良品は水性染料で仕上げているため、水ジミが起きる危険があります。

落とし方の手順（表革）

1

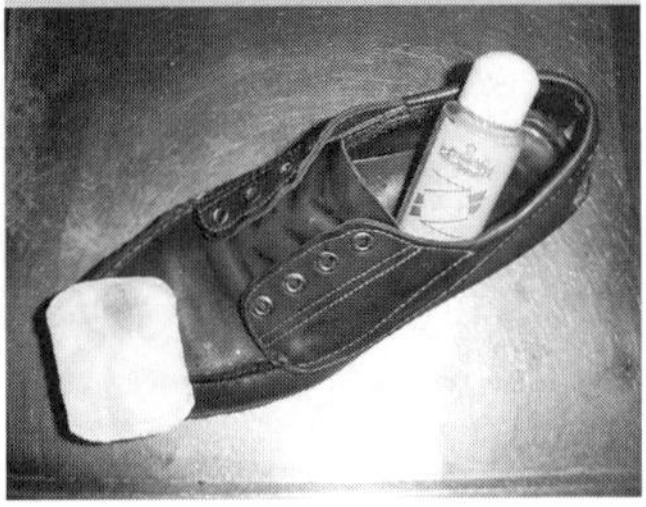

まずクリーナーで取れる汚れはあらかじめ取ってしまいましょう。サドルソープの効き目をより確かにするための、一種の下ごしらえです。

2

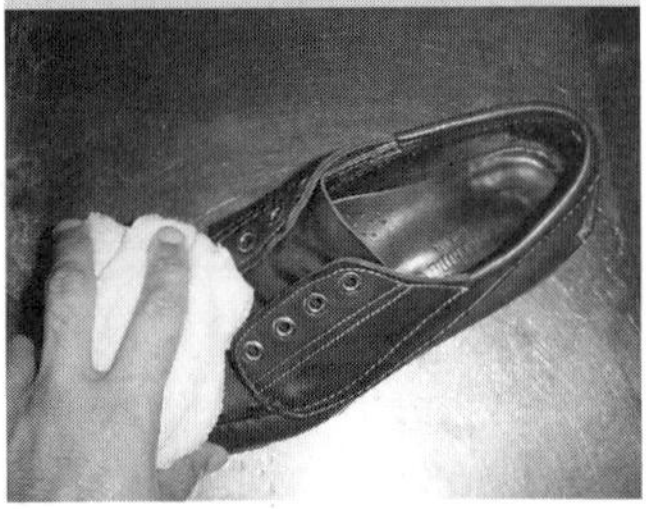

続いて、濡れ雑巾などで靴全体をムラなく湿らせます。いきなり水中に潜らせてしまうと、革によっては水ジミが起こる危険もあり、優しく扱いましょう。

3

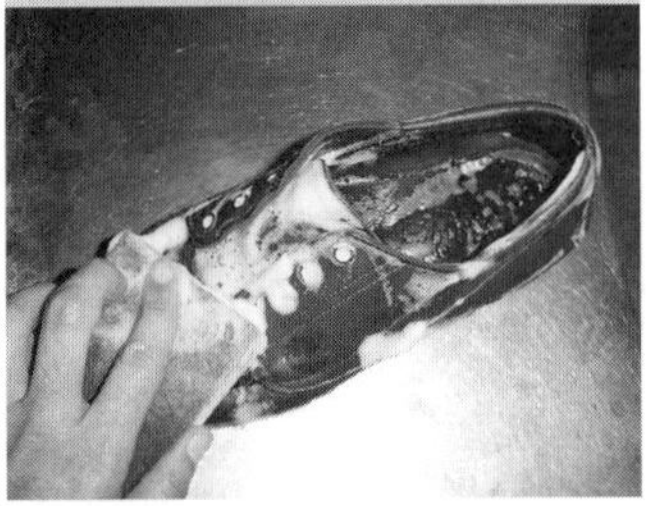

スポンジでサドルソープをよく泡立てて、洗車するような感覚で靴を洗っていきます。これで汚れや古い靴クリームなどが、一気に表面に浮き出てきます。必要に応じて、内側やアウトソールも一緒に洗ってしまっても構いません。

4

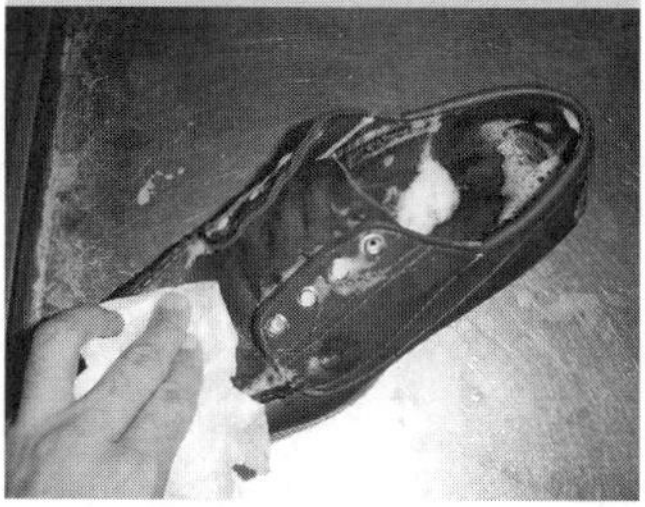

キッチンタオルなどで浮き出た汚れを拭き取ります。ここは「水で洗い流さない」ことが肝心です。前述したように、サドルソープには乳化性クリームと似た成分が含まれているので、それをわずかに残す程度に拭き取ったほうが革にも有効ですし、結果的に水ジミも防げるからです。

5

乾燥し風通しの良い屋外で、靴の内外ともに十分乾くまで陰干しをします。ある程度乾燥したところで靴に合ったシューキーパーを入れておくと、甲についた履きジワも意外と回復します。

6

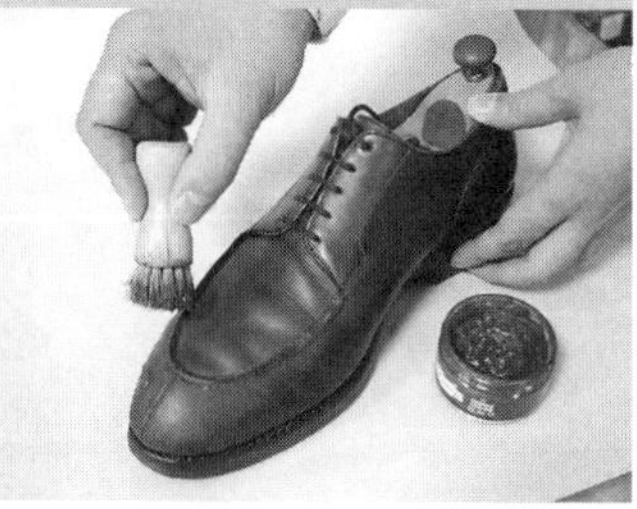

十分乾燥させた後で、10章で書いた表革の通常のお手入れのステップ2以降を行ってください。残ったサドルソープの成分は、乳化性クリームに含まれる成分に溶けてしまうのでご安心ください。

起毛革の場合

アッパーがスエードのような起毛革でできた靴を洗うには「スエードシャンプー」というお手入れ用品を用います。読者の皆さんは普段、髪の毛を洗う時に用いるのはシャンプーだと思いますが、起毛革にサドルソープではなくこちらを用いるのも、これと似た理由です。

サドルソープは石鹸と同じくアルカリ性で、起毛革にこれを用いてしまうと、そのアルカリが細かい毛先を傷めてしまい、持ち味の起毛感を損ねてしまう危険が高いのです。要は髪をシャンプーの代わりに石鹸で洗った結果、ギシギシしてしまうのと同じです。一方、スエードシャンプーは通常中性か弱酸性なので、その心配がありません。液体状のものとフォーム状のものがあるものの、効果は同じです。ただし液体のものは、原液のまま使用可能なものと水に要希釈のものの2種類あるので、確認して使ってください。

使い方は以下の通りで、普段のお手入れと同様に、この「洗う」においても起毛革のほうがはるかに簡単です！

「M.モゥブレィ スエード&ヌバックシャンプー」(R&D)

注意

白色系のものをこれで洗うと、白くではなく、わずかに黄色く仕上がってしまいます。これは10章でもお話しした通り、皮を革に鞣す際に「白く」すべく添加する蛍光増白剤が、スエードシャンプーで抜けてしまうからです。この点はあらかじめご注意願います。

落とし方の手順（起毛革）

1

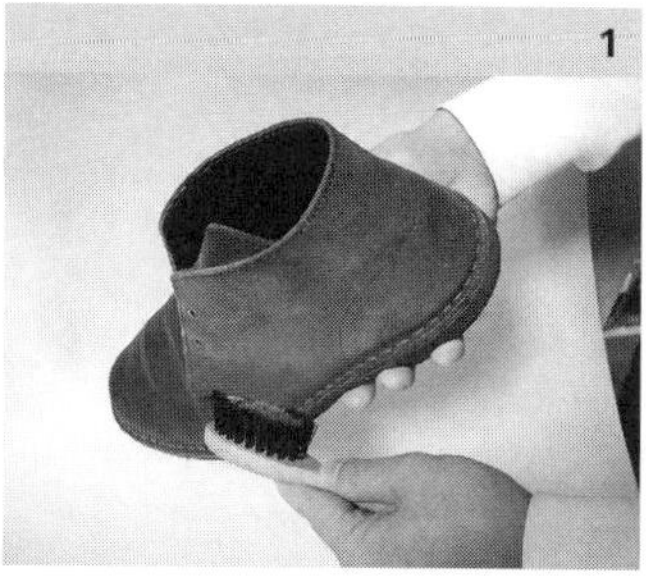

まず革の表面を逆目にブラッシングして、取れる汚れはあらかじめ取ってしまいましょう。汚れの加減次第では、専用のワイヤーブラシを用いても構いません。

2

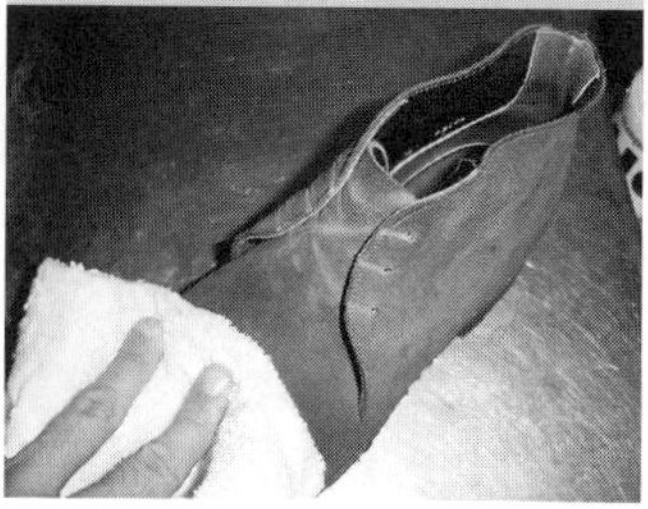

続いて、濡れ雑巾などで靴全体をムラなく湿らせます。いきなり水に浸してしまうと水ジミが起きてしまう危険があるのは、普通の革と全く同じです。

3

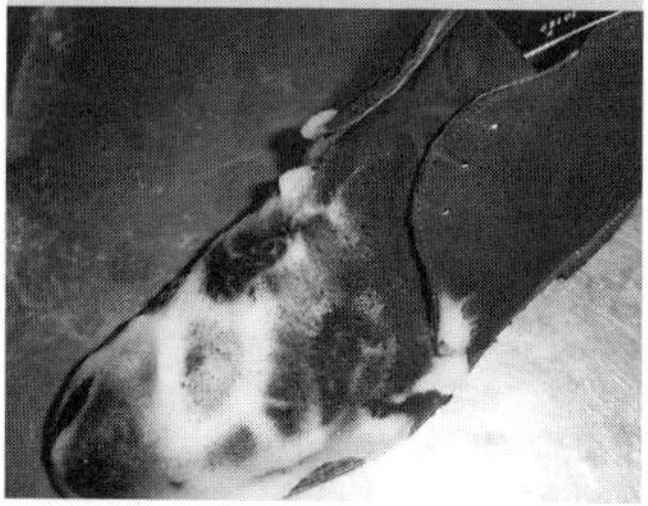

スポンジにスエードシャンプーを染み込ませ、靴を洗っていきます。泡立ちはサドルソープより若干落ちる気もしますが、スポンジを洗車感覚で用いるのは変わりません。内側やアウトソールを一緒に洗ってしまっても大丈夫です。

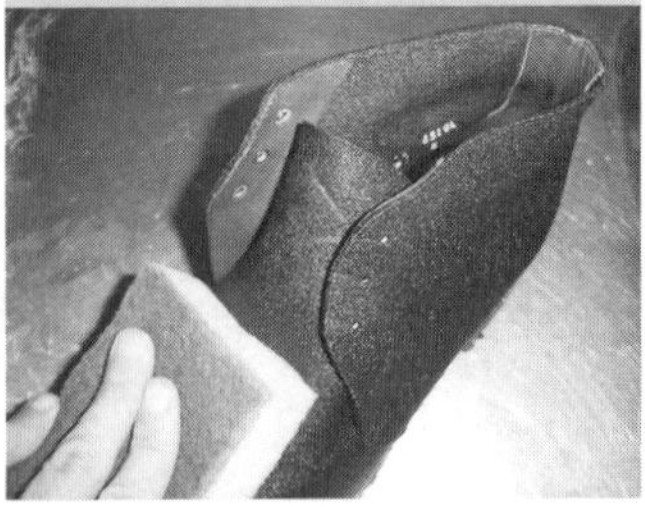

4

水とスポンジを用いて、今度は浮き出た汚れとシャンプーの成分を完全に取り除きます。ここは表革とは決定的に異なります。起毛革の場合はスエードシャンプーの成分を完全に除去してください。

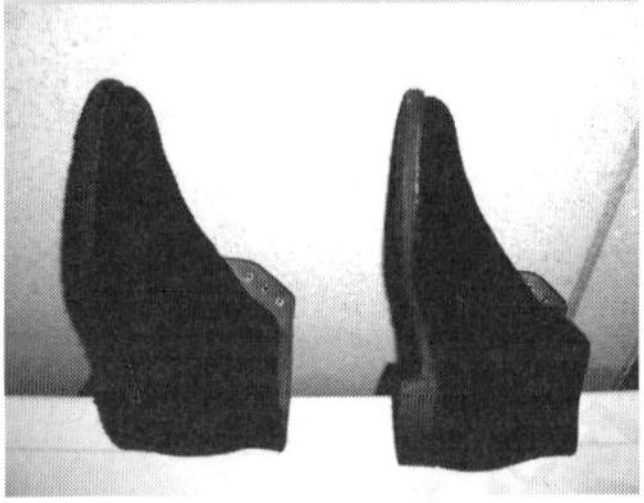

5

乾燥し風通しの良い屋外で、靴の内外ともに十分乾くまで陰干しをします。ある程度乾燥したところで靴に合ったシューキーパーを入れておくと、甲に付いた履きジワも意外と回復します。

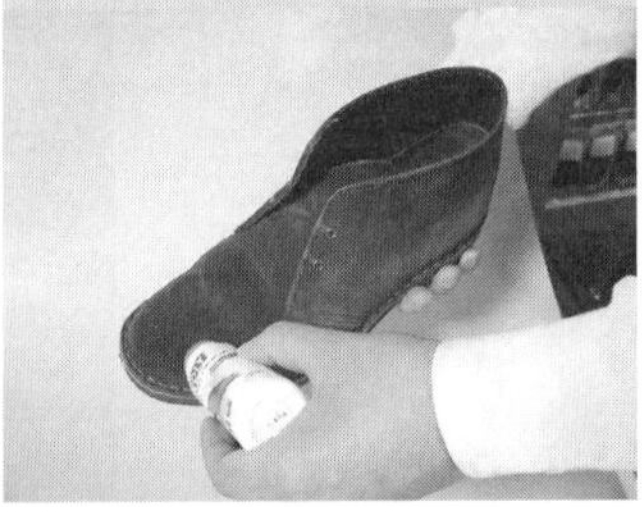

6

十分乾燥させた後で、10章で書いた起毛革の通常のお手入れのステップ3以降を行ってください。特に濃い色のものは、洗うと色合いがどうしても白んでしまうので、栄養を入れると同時に着色してあげると効果的です。

11-2 靴にカビを生やしてしまった！

日本の気候を考えると、どんなに気をつけていても靴にカビは生える時には生えてしまうものです。早期に発見し、二度と生やさないよう的確に除去・予防しましょう。

長く履かなかった靴をいざ履こうと下駄箱に手を伸ばしたら、いつもと何かが違うヌメッとした感触が襲ってきた……。そうです、気の滅入るカビです。少しでも早く除去したいのが人情なので、手っ取り早く水で洗い流したり、水で濡らした雑巾で拭き取ったりしがちですが、実はこれ、最初には絶対にやってはいけないことです！

靴などの革製品に限らず、日常生活の中ではカビは、

酸素：カビも生物ですから、これは絶対必要です。

温度：20～30℃くらいが、カビが生える一番の好条件です。

湿度：空気中の相対湿度が80％以上で一気に確率が高まります。

栄養：靴に付いた泥汚れやホコリは、カビには格好の栄養です。

の四つの条件が揃うと見事に生えてきます。つまり、カビを除去する際、最初に水で洗い流そうとすると、この中の「湿度」をさらに補給してしまうわけで、その場でこそカビが取り除かれたようになりますが、後々かえって増殖する結果に繋がり全く逆効果なのです。

裏返して申せば、カビ自体と同時にこの四条件のどれかを的確に除去するのが、根本的なカビ根絶の第一歩となります。その中で比較的簡単に除去できるのは、「湿度」と「栄養＝汚れ」の二つですので、それを踏まえた上で処理手順を具体的に解説致します。1週間～半月強と長期のリハビリ生活となりますが、いい加減に短時間で処置するよりカビの再発は確実に防げますので、焦らず行ってください。

カビの落とし方

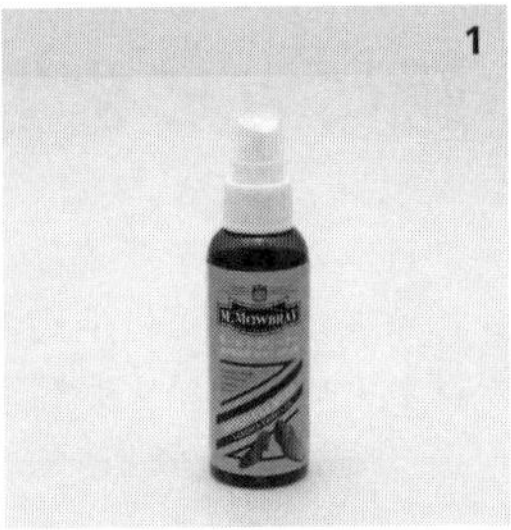

M.モゥブレィ モールドクリーナー
（R&D）

コットンパフに皮革用のカビ取りスプレーや消臭除菌スプレーを染み込ませ、カビがこれ以上広がらないよう、外側から内側に向かうようカビを拭き取ります。この種の薬剤の主成分であり揮発・消毒性を有する有機ヨードやエタノールで、カビとともにその発生要因である「湿気」と「汚れ」も併せて除去する作戦です。トイレ除菌用シートを用いても構いません。

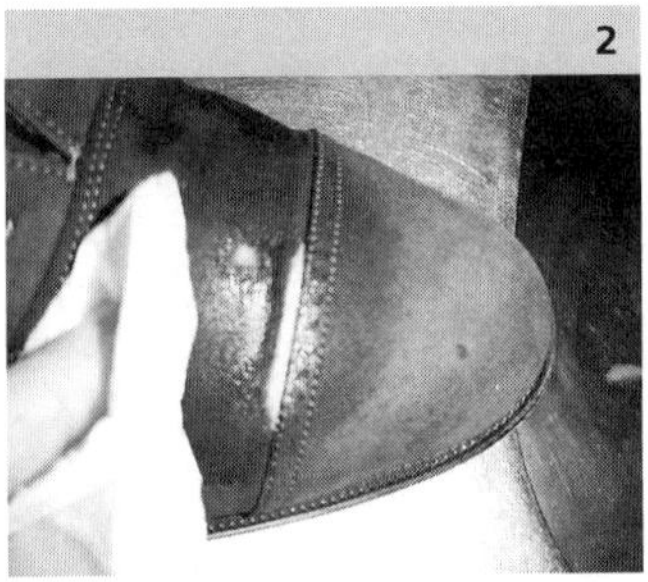

しばらくしたら、先程とは別のコットンパフに改めて皮革用のカビ取りスプレーや消臭除菌スプレーを染み込ませ、それで靴全体を拭いて「延焼」を防ぎます。ただし、含有する薬剤の特性上、若干色落ちする危険があるので、微妙な色合いの靴の場合はご注意ください。ここまでの作業は衛生上、面倒でも屋外の風通しの良い場所で行いましょう。

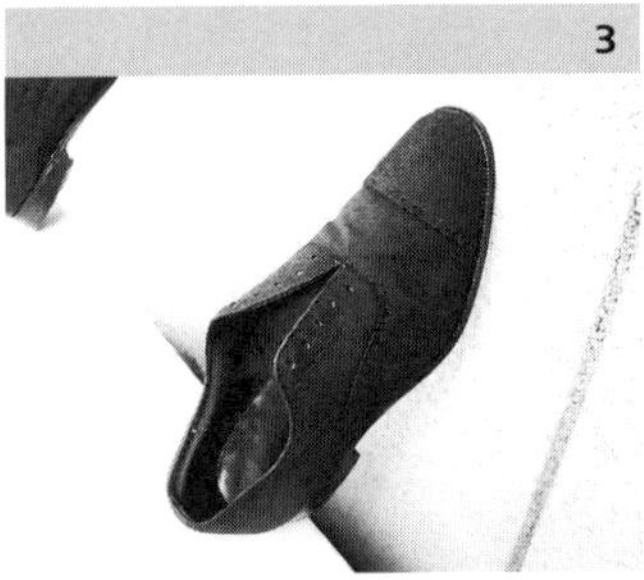

乾燥し風通しの良い屋外で、少なくとも2～3日、念を入れたい方なら丸1週間くらい、日干しをします。太陽の紫外線の力でさらに殺菌を完璧に行うわけです。

この段階でやっと水の登場です。アッパーが表革ならサドルソープを、起毛革ならスエードシャンプーを用いて、死滅したカビを洗い落とします。

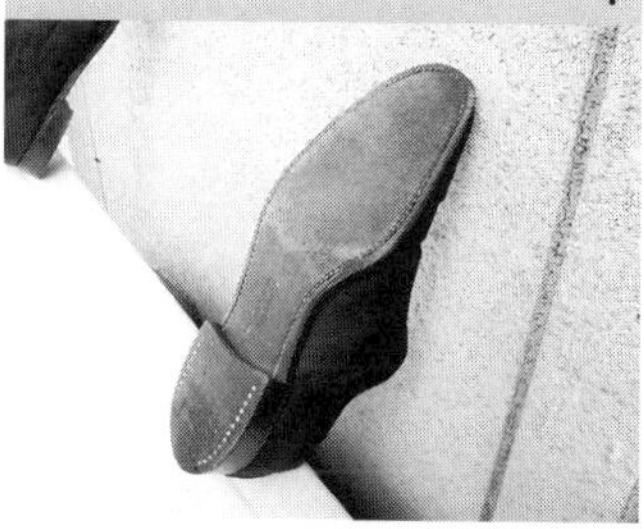
4

乾燥し風通しの良い屋外で、靴の内外ともに十分乾くまで再び天日干しをします。紫外線で再び殺菌することで、カビに対してのダメ押しを行うのです。その後、前章で書いた表革もしくは起毛革それぞれに応じた普段のお手入れを行えば、療養完了です。

ちょっと気をつければ、確実に防げます

実はカビの発生は、前述した湿度と栄養を日頃から抑えておけば防げます。具体策は以下、簡単にできることも多いはずです。

- **同じ靴を2日以上連続して履き続けない。**
- **靴に付いた汚れやホコリは早めに取り除く。**
- **靴の中の湿り気を十分飛ばしてからしまう。**
- **雨や雪の日に履いた靴は、湿り気を十分飛ばした後でしまう。**
- **長期間履かないことがわかっている靴は、しまう前に汚れを十分落とす。**
- **下駄箱を湿気の多い場所に置かない。**
- **1日に10分くらいは下駄箱の扉を開けて換気する。**
- **下駄箱の中の床にスノコ状の板を置き、靴の底面も通気性を確保する。**

なお、カビには白系や緑白色系の比較的除去しやすいものだけでなく、1度生えると死滅させても跡がシミ状に残る黒系や赤系のものも存在します。薄手の微妙な色合いの靴に後者がいったん生えると、除去できても跡が残るだけでなく、エタノールの影響で靴の色調も変わる可能性があるわけです。また、分厚い部材を使うワークブーツ系の靴は、通気性に乏しいため靴の中に簡単にカビを生やしがちです。その存在に気づくのはまさに履いた瞬間ですから、靴下や足自体をカビだらけとしてしまう場合もあり得ます。これらのような悲劇を防ぐためにも、どうか日頃のわずかな心掛けを惜しまないでください。

11-3 足が臭ってしまう！

休日に素足履きをしたくなる夏場だけでなく、最近は冬にもこれで悩まされる人が多いようです。足だけでなく靴からもその原因を取り払ってしまうのが、解決の糸口です。

足の臭いの元になるのは、その裏にかく「汗」の臭いだと信じている方が多いでしょうが、これは半分だけ正解です。人体の汗腺には、ほぼ全身にある「エクリン腺」と脇の下などだけにある「アポクリン腺」の2種類があり、後者から分泌されたもののほうがタンパク質や脂質を多く含むため前者より臭うものの、実は足の裏には前者しかないので、そこから出た汗自体はほとんど無臭です。が、放置すると足の皮膚に常在する様々なバクテリアがこれを分解し、その際に皮脂・垢・角質なども影響して臭いを発するのです。

バクテリアを取り除くのが足の臭いを抑える最善策ですが、それは極めて困難です。ただしその繁殖条件は、カビと同様に酸素・温度・湿度・栄養の四つなので、まずはこれらのうち簡単に管理できる湿度と栄養を抑えることが、解決への近道となります。

実はその大きなカギになるのは、足以上に靴です。「臭う」方は大抵の場合「足のお手入れ」には気を遣っているのに、履いている「靴」には無頓着な傾向があり、せいぜい消臭効果のある中敷や消臭除菌スプレーを活用している程度。これらは確かに極めて効果的ですが、靴の内部に溜まったバクテリアとそれで分解された汗だけでなく、皮脂や垢などその活動源となる「栄養＝汚れ」が溜まっていれば、その効果は半減するので、まずはそれらを除去しなくてはいけないのです。

靴の外側と同様に内側も清潔を保ち、靴に「足の臭い」が蓄積されるのを防げば、確実に状況が好転します。その方法は、直接的なものとしては、以下が挙げられます。

方法１：消毒用アルコールや**消臭除菌スプレー**で靴の内部を拭く。

方法2：水で2～3倍に薄めたお酢で靴の内部を拭く。
方法3：サドルソープなどで靴の内部を洗う。

また、間接的なものとしては、以下が挙げられます。

・足に合わない靴は履かない
↓靴の不具合による不要な発汗を防ぐためです。
・同じ靴を2日以上連続して履き続けない
↓汗や汚れを靴に無駄に付着させないためです。
・通気性に優れた靴を履く
↓アウトソール、インソールともに革製のものが最適です。
・靴をしまう時は内部の湿気を十分飛ばしてからにする。
・下駄箱を湿気の多い場所には置かない

足の清潔さを回復させるための諸策

当然ながら、足の清潔さを保ちバクテリアの活動を抑えることも重要です。そのための諸策も幾つか挙げておきます。足が、そして靴が臭わなくなれば、靴の寿命も確実に長くできますよ。

・**固形石鹸**を用いて、日頃から足をちゃんと洗う。
↓液体のボディーソープの多くには保湿成分が含まれているので、足の臭いを防ぐのにはこれが逆効果になり得ます。サッパリ洗える古典的な固形石鹸、しかも汚れの除去効果だけでなく殺菌・消毒効果のあるものがお勧めです。
・**軽石**などを用いて、足の余分な角質も取り除く。
↓角質も細菌が繁殖するための栄養になるので、余分なものは取り除いておいたほうが確実です。
・**靴下**に気を遣う。
↓暑苦しく思われがちですが、保温性とともに通気性・透湿性にも意外と優れ、バクテリアの増殖が起こりにくいのがウールを主原料としたもの。体質によっては真夏でも綿を主原料としたものより蒸れずに快適に感じる方もいらっしゃるはずです。
・**うがい薬**を用いてみる。
↓主成分であるポビドンヨードの殺菌・消毒作用が絶大ですので、ある意味最終兵器です。衣服に付いたら色が取れにくいので、入浴の最後に浴室の中で足に塗って、2～3分程放置し効果を十分行き渡らせた上で洗い流してください。

11-4 少し「当たる」部分がある！

例えば小指の一部だけ不快に押される感がある時、救済の筆頭案はストレッチスプレーを用いることです。ただ、それが用意できなくても代替案は意外なところにあります。

甲が左右方向にタイトに押されるがゆえに「ハーフサイズ大きいほうが良かったかな？」とか、全体のフィット感には問題ないものの「ピンポイントで当たる部分がある」とか、ある靴を履き続けた結果露わになった問題に悩んだ経験は、恐らくどなたにでもあるでしょう。

靴が部分的に微妙に当たる状況を解決するには、「革の一番丈夫な層である銀面を軟化伸展させるのを通じて、靴内部の容積を増やす」のが最善策です。「軟化」で初めに想像できるのは水の使用ですが、乾燥すると革が再び硬化してしまうだけでなく、下手をするとシミを作ってしまうなど弊害も起こりがちなので、やはり**靴用のストレッチスプレー**を用いるのが一番無難です。

「ウォーリー レザーストレッチ（ミスト）」（R&D）

吹き付けた直後に靴を履けば、保湿を通じその部分を無理なくのばす役割を果たします。シミ防止の観点から、靴の裏側から付けるものもありますが、表側から吹き付ける製品のほうが、革の銀面に直接作用するのでより効果的です。

これが見つからない場合は、お手入れ用品界の万能薬と言える**デリケートクリーム**でも代用可能です。考えてみればこれも水が主成分ですので、通常のお手入れの時よりも気持ち多めの量をストレッチスプレーと同様に用いてみてください。一箇所に集中的に使い過ぎると、その成分がカス状になってポロポロ剝がれ落ちる場合もあるので、様子を見ながら使うのがお勧めです。

ドラッグストアで山積み状態で売られている、**ヒアルロン酸化粧水**を活用するのも手です。保水性と浸透性の良さが抜群の威力を発揮し、革が無理なくのびてくれるのです。ある意味最終兵器的存在ですが、スエードなどアッパーの革の種類や品質によっては色落ちやシミが生じる危険もあるので、必ず事前に目立たないところで試用してみましょう。

いずれのものも、足が直接当たる部分とその周辺だけでなく、その反対側や対角となる領域にも塗布するのが、効果的に革をのばすコツです。単に当たる部分が出っ張っているからではなく、実は他の部分の容積が見えないながらも不足し、革がそちらに引っ張られているがゆえに、気になる部分が結果的に当たっているケースも多いからです。

のばした靴を脱いだ後そのままの状態で長期間放置すると、次第に形状が元に戻ろうとする場合もあるので、シューストレッチャーを使って少しでも早く足の形を靴に覚えさせてしまうことも得策です。問題の部分やその反対側・対角などにティッシュペーパーを小さく団子状に張り付けたシューキーパーを靴に押し込んだ上で、これらの部分にもう一度それを吹き付け放置するだけでも、結果が大きく違ってきます。

ただし、今までご紹介したものは靴の左右方向をのばすのには極めて有効ですが、前後方向にはあまりのびません。大抵の靴には爪先に先芯、踵《かかと》に月型芯が内蔵されているからです。よって「25の靴を26相当にのばす」などは、これらを用いても不可能ですのでご注意願います。

また、ガラス張り革やパテントレザーなど、表面が顔料系の塗料や樹脂でコーティングされている革には、これらはあまり有効に作用しない傾向にあります。扱い方次第ではシミや亀裂も起こしかねないので、心配な場合は修理店に持ち込んで、業務用の製品で対処してもらうほうが無難でしょう。

11-5 大好きな靴を、どうしても雨の日に履かざるを得ない！

日頃の「プチ・マイッタなぁ」の典型例がこれでしょう。雨の日に大活躍してくれるのが撥水剤ですが、その効果を最大限発揮させるためにすべきことも覚えておいてください。

お気に入りの靴を履いて大切なイベントに出席しようとする日に限って、雨がしとしと降っている。かといって雨用の靴を履くのも気が乗らない。誰にでもこんな恨めしい経験、一度はあるでしょう。革は水に決して弱くはないものの、靴に汚れが浸み込んだり後で白く塩吹きが起こるのはやはり心配なもの。そんな時の頼みの綱が撥水剤でしょう。

通気性を犠牲としても外部・内部双方の水を完全に通さなくする「防水」とは異なり、「撥水」とは通気性を保持したまま外部の水を弾かせる加工で、水より表面張力のはるかに小さい溶剤を革や生地に付着させるのを通じて効果を発揮します。紳士靴の場合は**フッ素樹脂を主原料に用いたもの**と**ワックス＝蝋《ろう》を主原料に用いたもの**と、その方法は現在2通りに大別されます。

前者はほとんどがスプレー式です。表革・起毛革の双方、さらにはキャンバス地にも使え、手軽に効果を実感でき撥油性や防塵・防汚性にも優れています。履く約1時間前に靴全体にまんべんなくスプレーするのが性能を最大限に発揮させるコツで、塗布して1～2分すれば表面が乾いてくるので、跡が気になるようでしたら表革は乾いた布で軽く拭き、起毛革は軽くブラッシングしてください。効果こそ塗布後1～2日程度と短いものの、その分普段使いには文句なしの性能を発揮してくれます。

一方、後者は撥水の元祖とも呼ぶべき存在で、スプレー式もあるものの固形の缶入りも現役です。栄養＝油分を補給できる商品が多いのも特徴です。粒子の大きな蝋で靴の表面を覆うので「防水」的要素が濃く、光沢も多少は出せますし、効果が1カ月は持続します。ただし表革にしか使えず、塗布して磨き上げると素材感がやや平板に変わり色も濃くなるので、見てくれ以上に耐水性を重視する時向けです。

なお、撥水剤はあくまで脇役的存在です。それが効果を十分に発揮するためには、靴の革に必要十分な水分と油分が行き渡っているのが必須の条件です。10章で述べた各素材別のお手入れを行わないままに、毎日撥水剤のみを用いる方が多いようですが、それは無意味なばかりでなく、革にかえってダメージを与えます。日頃の地道なお手入れこそ実は一番の雨対策だというのをくれぐれもお忘れになりませんように。

また、用いる際は靴の汚れや埃を事前に落とすのも肝心です。撥水剤の含有成分の影響で、状況によってはそれらが靴にこびり付いてしまう危険もあり得るからです。ちなみに雨などですでに湿ってしまった靴には撥水剤は効果がなく、「水に濡れてしまう前に用いる」のが大原則です。

あと、スプレー式のものは吹き付ける際に周辺にも注意しましょう。原材料の別にかかわらず、できる限り屋外の通気性の良い場所で用いてください。撥水剤によっては塗布した場所の床面が滑りやすくなるので、床面に新聞紙を敷くなどの予防が必要です。日頃コンタクトレンズを用いている人は、それに撥水剤の成分がこびり付くと除去が難しいものもあるようなので、特に風向きに注意してください。

「サフィール スポーツ&レジャーワックス」（ルボウ）

「ウォーリー ヒマラヤワックス」（R&D）

「ウォーリー プロテクター３×３」（R&D）

11-6 革に傷が付いてしまった！

オフィス家具の角で、満員電車の中で、そして道の段差で悔しい思いをした経験、ありませんか？　完璧にではないものの、専用の商品を用いれば比較的きれいに傷は隠せます！

どんなに気をつけていても、ふとした弾みで靴に付いてしまうのが、擦《す》り傷や切り傷、それにめくれ傷の類です。自己治癒能力がある人間の皮膚とは異なり、靴の場合はそれらを完全に回復させるのは残念ながら不可能です。しかし、牛の表革をアッパーに用いたものならば、それをある程度は目立たなくできます。

その対策向けの製品を2種類挙げてみますが、それぞれ得意分野が全く異なります。なお、いずれの製品も履きジワが劣化してできたひび割れを直すのは不可能ですので、その点はご承知置き願います。またその性質上、1度塗ってしまうと色が取れにくくなってしまうものが多いので、選ぶ際にはくれぐれもご注意ください。

なお、近年ではこの種の補修を得意としている靴修理店も登場しているので、個人で対応が難しそうな場合は、彼らに依頼するのが得策でしょう。

補修・着色専用の特殊な乳化性クリーム

主に銀付き革でこの種のトラブルが起きた時に有効です。これを用いる前に、横着せずに表面にやすりかけを丁寧に行えば、確実に上手に仕上がります。金属チューブや瓶に入っているのは通常の乳化性クリームと同様ですが、容量はそれよりかなり小さいので容易に見分けることが可能です。

①クリーナーで汚れを落とした上で、深い切り傷やめくれ傷の場合は接着剤を用いて、それらを塞ぎ固まるのを待ちます。

②傷と周辺を紙やすりで慣らします。400番→600番→1000番→1500番と段階的に紙やすりの目を細かくしていくと、段差の少ない面を作れます。

③ここで補修・着色専用の特殊な乳化性クリームを、問題の部分並びに周囲に塗ります。綿棒などを用いて薄め

に、境目をボカしながら塗るとうまく決まります。

④最後に通常の靴に近い色目の乳化性クリームを靴全体に用いて仕上げれば、傷は目立たなくなるはずです。

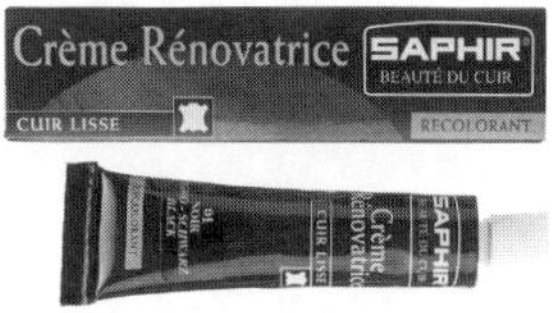

「サフィール レノベイティングカラー補修クリーム」（ルボウ）

塗料系の靴補修材

こちらは主にマニキュア状のプラスチック容器で売られており、表面が顔料系の塗料や樹脂でコーティングされているガラス張り革で起こりやすい、傷というよりも「コーティングの剝げ」を補修するものです。この種の剝げは、色付きの乳化性クリームを用いてもすぐに色が落ちてしまうので、この種の商品を使い表面を再コーティングすることで、それを覆い隠す必要があるのです。剝げている部分だけでなく、一定の領域に丸ごと用いてしまうのが、それを目立たなくさせるコツです。

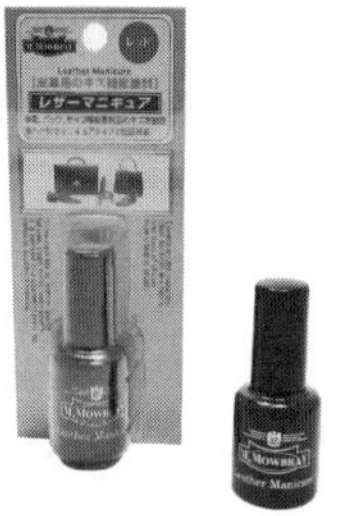

「M.モゥブレィ レザーマニキュア」（R&D）

11-7 朝の5分でお手入れせねばならなくなった！

朝の忙しい時に限って履きたい靴が少し元気がなくてヤキモキした経験は、誰にでもあるでしょう。牛の表革に限りますが、それをある程度回復させる方法をご教授いたします！

まず、10章で述べた「牛の表革のお手入れ」の際に用いる**豚毛ブラシ**をそのまま使う方法です。それに残っている乳化性クリームの成分を活用するのです。馬毛ブラシで汚れや埃を落とした後、この豚毛ブラシでブラッシングし、仕上げにナイロンストッキングを丸めたもので全体を軽く乾拭きすれば即完成です。

「ウォーリー クリームエッセンシャル」(R&D)

コーヒーの出し殻も有効に使えます。十分に乾燥させた後に柔らかく目の詰まった布の袋に入れ、これで靴を軽く磨くと短時間で自然な光沢が出ます。コーヒーの出し殻には油分がまだ残っていて、それが靴に入り込むのです。薄色の靴だと不自然に着色する危険もあるので、原則黒やダークブラウンなどの濃色の靴にのみお使いください。

カバンや手袋のお手入れで使われる**乳液状の乳化性クリーム**でも、比較的速く革のコンディションを回復できます。片足につき米粒2～3粒くらいの分量で布に取り出し、靴の数カ所に置いた直後に同じ布で靴全体に広げると同時に乾拭きを行えば大丈夫。配合成分の関係でクリーナー的な効果も若干あります。

ただしこれらはすべて、10章で述べた基本のお手入れが実践できている方のみが可能な方法です。それをどうかお忘れになりませんように！

第3部 大切に履きこなしたい人のために

12. 次の一歩は、はたしてどうなる？

最後の章では、これまでの章でお話しした様々な事柄を総合しつつ、紳士靴の揃え方・使い方に関する身近な疑問について採り上げます。実際に靴を活用しようとすると、「このデザインは1足目には適当なのかな？」とか「この色は仕事には大丈夫だろうか？」のような一般常識的な質問や、「1足いくらくらいの予算をかけるのが適当なのかな？」など、他人にはあまり聞けない相談が出てくるはずで、それらに私なりに答えを出してみましょう。また、近年の紳士靴に見られる興味深い現象や兆候についても、少しだけですが触れてみます。これまでの「当たり前」が、実は徐々に変化しつつあるのを知っていただけますと幸いです。

12-1 どんな靴をどう揃えていくか？

足元の身嗜《みだしな》みとして紳士靴を揃えようとする時、どんな順番で買っていけばいいのか？　処方箋を以下に示してみたいと思います。巻頭の口絵1～3ページもご参照ください。

1足目：黒の牛の表革を用いた、外羽根式のプレーントウ

紳士靴のイロハを覚える初めの一歩は、絶対にこれで決まりです。理由はまず、最も使い回しが利く靴だからです。ダークスーツからデニムまで守備範囲が広く、冠婚葬祭の際でもどうにか対応できます。また内羽根式に比べフィット感の調節代が大きいのも、外羽根式を1足目に勧める理由です。これまでスニーカー主体だった方でもフィット感の差を覚えずに済みます。

装飾がないのでお手入れが簡単なのも魅力で、それを基礎から覚えるのにも最適でしょう。傷が付くと目立ちやすいものの、それを緩和するお手入れの術をまず黒のこの靴で覚えてしまえば、後々ほかの靴のお手入れも苦になりません。この靴には鳩目が2～3対の「Vフロント」と、それが4～5対のものがありますが、お好みや足との相性で選んでいただいてかまいません。

2足目：黒の牛の表革を用いた、内羽根式のキャップトウ

かしこまった場、特に冠婚葬祭のような昼の「儀式」での足元には最適とされるので、内羽根式が足に合うなら、持っておきたい靴です。ただし、汎用性の点では黒の外羽根式プレーントウより劣るので、その靴で紳士靴のイロハを覚えた上での2足目として購入したほうが、両者の使い分けもより容易に、確実にできます。

キャップトウであれば、爪先に一文字状のステッチングのみの飾りが付く「ストレートチップ」に限る必要はないでしょう。爪先に一文字状のブローギングのみが付く「パンチドキャップトウ」でもほぼ大丈夫ですし、そこにメダリオンが付かない「クウォーターブローグ」も私的な冠婚葬祭の場ならギリギリ使えます。ルール的な靴の細かい分類よりも、マナーとして抑制が利いているほうが肝心で、例えば爪先

が攻撃的に長いものは、ストレートチップであってもふさわしくありません。

3足目：茶系の牛の表革を用いた、フルブローグ・セミブローグ

さすがに礼装には使えませんが、どちらも黒の外羽根式プレーントウとはひと味違う守備範囲を誇りますし、内羽根式・外羽根式についてもお好みで選んでいただいてかまいません。最近では我が国でも茶系の靴はビジネスの場でも相当許されるようになったので、お堅い職場以外にお勤めの方でしたらこれらをダークスーツに合わせても大丈夫でしょう。

「黒から茶へ」は、お手入れの技術を深く会得するためにも有効なステップです。茶系の靴はそれに用いる靴クリームやその頻度で、経年変化が黒以上に人それぞれで、履き込むに従い色の重なりも抜けも複雑になりますが、お手入れの核心である「水分と油分を補給し、表面に艶を出す」を黒の靴で覚えた上で行えば、失敗する危険を確実に抑えられるからです。中でもフルブローグとセミブローグは、爪先のメダリオン周辺にその「個性」が顕著に出てくるので、はまると抜け出せません！

4足目以降

ここからは自らの個性や環境を反映させればよい領域です。例えば多少過酷な状況で履く可能性がある場合は、ラバーソール仕様や撥水レザーのアッパーの靴を一足は用意しておくと、雨対策としても靴の使い回しは楽になります。

脱ぎ履きの多い人ならば、ローファーなどのスリッポンもあると便利です。ただしこの種の靴は、紐靴に比べ精緻なフィット感を得にくい宿命があるので、それを承知の上で、自らの足との相性を紐靴以上に確認して購入してください。

あくまでカジュアル向けですが、状況が許せば、黒や茶系以外の色にチャレンジしてみるのも一興です。例えば紺の靴はスタイル次第で意外と汎用性がありますし、アッパーが起毛革の靴は色で多少冒険しても案外目立たないものです。

そして忘れてはならないのがブーツです。形はともかく一足あると、寒い冬場は重宝しますし、足首をしっかりホールドするので、長時間歩く旅行の際にも役に立ちます。

12-2 ビジネスにふさわしいアッパーの色

一般的な仕事の場で、相手を不快に思わせず不安にもさせない靴の色と、その使い方について考えてみます。昨今忘れられがちな、信頼を得るためのマナーとしての発想です。

黒

この色の表革は、押しも押されもせぬ紳士靴の代表色でしょう。冠婚葬祭時の礼装や、式典時にダークスーツをかしこまって身に着けたい時の足元は、これしかあり得ません。日常のビジネスの場でも、相手に絶対的な信頼感を与えたい際にはこの種の靴がふさわしく、就職活動の際に限らず、一部の金融機関や不動産・ゼネコン、それに重厚長大系のメーカーでは、職員の足元はいまだに黒い表革の靴のみが暗黙の了解なのも頷けます。他の国ではともかく、今日の紳士靴の生まれ故郷と言えるイギリスでは、黒の表革の靴は仕事やそれ以上の場で使われるものとされ、他の色・他の素材の靴はあくまで休日用と厳格に分けて考える傾向が根強く残っています。

ダークブラウン

ある程度以上きちんとした場にもかかわらず、黒の表革の靴では相手に必要以上の緊張感を与えかねない際、ふさわしいのがこの色の表革の靴でしょう。本来は秋冬の装い向けの陰影を持つものの、昨今では季節感を考えずに着用可能で、礼装以外ならスタイルを選ばないのも魅力です。お手入れによる色合いの経年変化はやや乏しいですが、茶系の靴に初めて挑戦したい際にはこの色から始めると、失敗が少なくて済みます。

ミディアムブラウン

チェスナットなど、色合いの微妙な相違で様々な別称を持ち、軽快感と落ち着き双方が表現できる茶系の王道です。この色の表革は、ダークスーツ以上にジャケット&トラウザーズ的な装いには不可欠の存在で、お手入れで色合いの経年変化が楽しめることもあり、失敗を覚悟の上で「自分の茶色」を創りたい人には最適の選択です。

ライトブラウン

この色の表革は軽快感が前面に出るので、ビジネスの場であってもリラックスした雰囲気をより重視したい時のほうがふさわしく、格式を求める場には向きません。合わせる服の色合いも薄いものとの相性が良く、季節もどちらかといえば春夏向きです。良質な原皮をアニリン仕上げで薄く染め抜くと、この色こそ最高の革質を堪能できますが、その分色焼けや水ジミには弱く、履きこなしもお手入れもやや上級者向けです。

バーガンディー

ボルドーなど、こちらも色合いの微妙な相違で様々な別称を持つ文字通りのワイン色です。ヨーロッパ以上にアメリカにおいて、この色の表革のアッパーはビジネスシューズの色としてミディアムブラウンとほぼ同格に親しまれ、またコードヴァンの靴を代表する色でもあります。濃紺やチャコールグレーなどダークカラーの装いにも無難にまとまり、ネクタイに臙《えん》脂《じ》色などの同系色を持ってくると印象が引き立ちます。

その他の色

21世紀に入ってから、赤や紫などそれまで婦人靴でしかお目にかかれなかった色合いのものが、紳士靴でも決して珍しい存在ではなくなってきました。その種の色が当たり前のスニーカー文化の浸透や、装いに関しての男女差の縮小など、原因は様々あると思われます。アッパーの地色の上から全く別の色を後染めする、一種の芸術性を売りにする靴店やブランドも登場しているほどです。

ただ、この種の色の紳士靴がビジネスの場で受け入れられるかと問われると、起毛革やパテントレザーそれにエキゾチックレザーの靴と同様に、大丈夫なのは「業界系」と呼ばれる方々のみでしょう。これらの紳士靴は、一般常識的にはあくまでお休みの日用なので、前述した黒と茶系の表革の靴が十分使いこなせるようになってから購入しても、全然遅くありません。仮にカジュアル用に「黒・茶系以外で！」と欲する場合でも、落ち着いた濃紺や深緑辺りから入るのが無難だと思います。

12-3「長く付き合える靴」の価格って？

作る側・履く側双方の事情を踏まえた上で、買い揃えるのに適当な紳士靴の価格を考えます。良い靴は総じて高価ですが、高価な靴を良い靴にできるかどうかは履き手次第です。

何にコストがかかる？

百貨店や専門店、量販店やセレクトショップなどを覗いてみると、紳士靴の価格には異様なほど格差があるのに驚かされます。1万円でお釣りがくるものもあれば、既製靴なのに20万円以上するものもあります。この差が出る理由は一体何なのか？ その主な要素を、まず以下にまとめてみます。

素材：天然素材を用いる割合が高いほど、またアッパー用の革に関してはキメ細かく柔らかで、透明感に優れたものであるほど、価格は高くなる傾向にあります。

製法：底付けの製法が複雑になるほど、そして機械ではなく「手作業」の割合が高くなるほど、価格も高くなりがちです。

人件費：人件費の高い国で作られた靴のほうが、それが安い国のものよりも高くなる傾向にあるのは仕方のないことでしょう。それを逆手に取って、後者で素材や製法のレベルを上げて製造したり、アッパーの縫い付けまでは後者で行い底付け以降を前者ですることで、品質の割に価格を抑えた商品も昨今では結構出回っています。

関税：我が国では国内産業保護の観点も含めて革・革靴双方に設定され、その税率は以前に比べ下がってはいますが、これが意外と価格に影響を及ぼします。特に欧米の靴の内外価格差がなかなか解消できず、同様の品質の国産の靴に比べても割高となっている最大の理由もこれです。

ブランド代：純粋な靴メーカーの紳士靴の場合はともかく、そこに生産を委託し販売は自社ネームで行う場合は、これも決して侮れません。いわゆるラグジュアリーブランド系の靴には、これが価格に相当上乗せされているのが実情です。

何に価値を求める？

その一方で紳士靴を買う側、つまり履き手の側にとって「良い靴」を見極めるのに不可欠な要素もあるはずです。それについても以下いくつか挙げてみます。

足との相性：どんなに素晴らしい出来の靴でも、またどんなに有名なブランドの高価な靴でも、これが悪いと快適さを実感できず、ただ見栄を張るだけに終わってしまいます。

作りの確かさ：頑丈さとしなやかさの二律背反を同時に満たしている靴は、当然ながら長持ちします。アウトソールの全面交換が可能か否かも、一つの大きな目安になります。

お手入れのし甲斐：例えば銀付き革のカーフやキップなど、お手入れするに従い艶が増していく革をアッパーに用いた靴には、長く履きたい欲求が自然に湧き出るはずです。

汎用性の高さ：最低でも3足の靴を中2日のローテーションで履き回すことを考えると、主張が強過ぎる靴は無用の長物になりがちで、普遍的なデザインを選ぶのが得策です。

順を踏むことの大切さ

両者の要素を付き合わせた上で、使い捨てにせず長く付き合うために「これならまず安心」といえる紳士靴の価格帯は、2011年時点では例えば国産のメーカーやブランドのものなら1足2万円台終わりから4万円前後のものだと思います。もちろん、これはあくまで目安で、これ以下の価格帯で良い出来のものもありますが、この辺りの靴から買い揃え始めると、数・質双方のバランスが整った靴のワードローブを形成しやすいですし、取り扱い・お手入れの基礎もマスターできるからです。

何も初めからそれ以上の価格帯、ことさら10万円近くする紳士靴をいきなり買う必要はありません。免許取りたてでメンテの仕方もわからぬままに新車のフェラーリやポルシェに乗ってしまう状態に似ていて、一般的にそれは無謀です。前述した価格帯の靴をある程度買い揃えたところで、「一体何が違うのかな？」的にさらに高額なものに足を踏み入れていったほうが、お互いの良さを実感できるので、結果として紳士靴をより深く愉《たの》しめます！

12-4 アウトソールの違いについて考える

同じアッパーを用いた靴でも、この部分の素材が異なれば靴の意味はガラッと変化します。素材ごとの特性を活かして使う場も変化させると、結果的にどの靴も長持ちします。

素材といえばアッパーばかりに目が行きがちな紳士靴ですが、足元を支えるソールにも実は様々な素材が用いられています。それらの特徴を理解し上手に使い分けられるようになると、靴が一層楽しく履けるようになります。

■レザーソール

まさに元祖とも言えるもので、ステアハイド、カウハイドなどの厚地の原皮に植物タンニン鞣《なめ》しを施し、銀付きの状態で素仕上げを施した牛革が用いられます。適度なしなやかさとクッション性があり、自然な通気性と耐熱性にも優れるのが特徴ですが、耐水性やグリップ力では劣ります。また近年では、「重い」という印象ばかりが先行しており、総合的には非常に高性能ながら、むやみに敬遠されがちです。

■ラバーソール

合成ゴムを原料としたものの総称で、イギリスやイタリアのメーカーのものが有名です。レザーソールに比べ耐水性やグリップ力に優れますが、通気性には劣り熱や湿気も籠りがちなのが難点です。第二次大戦前後から軍靴や登山靴を皮切りに採用され、レザーソールに似た質感のものや、発泡性のものを用いて欠点の一つだった重さを解消したものも増えています。「雨の日用」「雪の日用」など、特定の機能に的を絞ったものも様々出ています。

■クレープソール

酢酸で生ゴムを凝固させた「クレープラバー」を原料としたもので、「生ゴム」とも呼ばれています。底面と側面に波の層状の独特な模様が付くので、多少カジュアルな雰囲気を有し、柔軟性とクッション性はレザーソールよりはるかに優れるのが特徴です。ただしガソリンなどの揮発性物質や高温には弱く、雨天だと意外と滑りやすいです。古くなると次第に硬くなるのも難点です。

ポリウレタンソール

文字通りポリウレタン樹脂を原料としたソールで、軽量ながら耐摩耗性・耐水性に優れ、滑りにくく屈曲性やクッション性も極めて良好なのが特徴です。紳士靴のアウトソール用素材として、近年急速に普及しています。ただし、加水分解による劣化が避けられないため寿命は長くても数年で、しばらく履かずに靴箱に保管しておいたらいつの間にか破損……というケースも多々あります。

レザーソールが一応、基本。

まとめた上で改めて考えると、「紳士靴らしい履き心地」を最も長くかつ深く味わえるのは、やはりレザーソールでしょう。取り扱いにわずかにコツがいるものの、結果として快適性が一番持続するからです。実は靴メーカーによりレザーソールの革質もいろいろなので、その違いを愉しむためにもこれから紳士靴を買い揃えたい方は、足に特段の問題がなければ、これをメインにするのがよいかと思います。近年言われる「重さ」も、慣れれば特段感じません。

その一方で、悪天候や悪路対策のリリーフ役として、ラバーソールの靴も何足かあると非常に便利です。お手入れも簡単ですし、特に機能性に特化したものは、何より足元への心理的な不安が格段に薄まるからです。足の安定性に多少問題を抱えていたり、過酷な状況で紳士靴を履かねばならない人なら、こちらの割合が必然高くなるでしょう。また、土踏まず部より前は耐久性や機能性に優れたラバー製とし、それより後部はしなやかさに優れたレザー製とするなど、両者を融合したアウトソールも近年では様々登場しています。

これらに比べると、クレープソールのものは独特の「クセ」があるので、必要性はどうしても下がり、趣味的な要素が強くなってしまいます。またポリウレタンソールは経年劣化の問題があるので、長年履き続けたい靴ではなく、短期間で十分なので快適性を即座に得たい靴に向いていると言えるでしょう。

12-5 紳士靴のサイズが変化している？

最近の靴は今までのものより小さなサイズで「ちょうどいい」と感じた経験、ありませんか？　その理由には、単に流行だけではない大きな変化が隠れている気がします。

サイズ表記では左のほうが大きいのですが……？

まずは左の写真をご覧いただきましょう。どちらも日本のビジネスマンの足元を支え続ける、とある非常に信頼すべき同じブランドの内羽根式のキャップトウで、左側（右足）が１９９５年に、それに対して右側（左足）は２００９年に購入したものです。両者のトウシェイプの違いが如実に見て取れ、紳士靴の「カッコイイ」が21世紀に入って以降明らかに変化しているのを象徴するかのようです。

突然ですが、読者の皆さんに質問！　どちらの靴のサイズのほうが大きく記載されているでしょうか？　写真のみで判断すると右側、と考えてしまいますが、実は正解は左側の靴、つまり古い靴のほうが大きなサイズで、具体的には左側＝24・5Eに対して右側＝24・0Eです。頭がこんがらがってしまいますが別に錯覚でもトリックでもなく、実際の足長が長い「新しい靴」のほうが、サイズが小さく表記されているのです。どちらも私の足には同様のフィット感が得られますし、メーカーの記載ミスでもありません。

この「靴の足長は長くなっているのに、サイズは逆に小さくなっている」現象は、国の内外を問わず21世紀に入って以降、各社同様の感があります。いずれも「木型が以前と変化した」と言ってしまえばそれまでですが、4章でもお話しした通り、サイズの基準があくまで「木型」でしかない欧米の靴の場合はともかく、「人間の足」を基準とするがゆえに本来はそうしたことが起こり得ない日本の靴でもこの傾向にあるのが不思議です。となるとその背景には、単に前述した「カッコイイ」の変化だけでは説明し切れない、「別の変化」も内包されていると考えたほうがよさそうです。

「別の変化」の一つ目は、日本人男性の足型そのものの変化です。「私＝同じ人間」の基準で話をするからややこしくなるのであって、「同じ足長を持つ他人」の基準で考えると理解できるでしょう。つまり「同じ25センチの足長」を持つ人でも、昔と今とでは骨格が変化しているのです。真上から見ると、「甲高幅広で逆三角形に近く爪先がエジプト型」が主流だった日本人の足が、生活環境の変化を通じて「甲薄幅狭で長方形に近く爪先がギリシャ型」の足に、徐々にかつ確実に移行していて、それが木型とサイズ設定の変化に表れているのです。

二つ目は「ちょうどいいフィット感」の変化です。より精緻なフィット感を追求し「ベストサイズは靴により様々」と意識できる顧客層が出現する一方で、スニーカーの緩慢な履き心地に慣れ切っているがゆえに紳士靴にも同様の感触を求め、本来より大きい靴を選んでしまう層も増加しています。両者の意識差が拡大している中で、既製靴として双方の「ちょうどいい」を満たすために、木型とともにサイズ設定を変える必要が出てきたのでしょう。

これらが複雑に絡んだ変化の中で、「自らの快適性と普遍性」を高度に得られる靴を探し出す過程も紳士靴の面白さの一つで、それがわかり始めると靴選びの際、流行やブランド名にはむやみに頼り過ぎなくなります。

12-6 究極の手段「オーダーメード」

風前の灯だったオーダーメードの紳士靴に、再び脚光が集まっています。似たようなものがあふれる今だからこそ、一人一人の顧客の要望を満たそうとする姿勢が貴重なのです。

「長さは合っているはずなのに、どんな靴を履いても妙にブカブカする……」「この部分だけは、どんな靴を履いても当たって痛くなる……」そして「自分の好みのスタイルの靴が、最近見付けられなくなったなぁ……」――このような悩みをお持ちの方、意外と多いのではないでしょうか？　いつの間にか「靴＝既製品」が当たり前の概念になっていた1990年代までは、これらの解決は相当難しいものでしたが、実はここ数年でそれらを改善できる環境が急速に整い始めています。

そのキーワードは「オーダーメード」。風前の灯だった誂え品の紳士靴の世界が、特に我が国で21世紀に入って以降見事に復活しつつあり、これらの悩みの解消に活用する動きが確実に広まっているのです。「誂え」と聞くと雰囲気的にも、そして価格的にも敷居が高そうなイメージがありますが、最近では必ずしもそうとは限りません。その理由を書く前に、オーダーには大まかに2種類あるので、まずそれを整理しておきます。

パターンオーダー

あらかじめ用意されている木型サイズやデザインなどを選択するのを通じて、自分だけの1足を作るオーダーです。

フルオーダー（ビスポーク）

顧客の足や要望に合わせて、木型やデザインなどを事実上ゼロから作り出すのを通じて、自分だけの1足を作るオーダーです。

特に我が国でオーダーの敷居が低くなっている理由は、まずパターンオーダーの充実度が増している点が挙げられます。具体的には、足長だけでなく足囲も複数のものから選択可能だったり、左右で別々のサイズを選べたり、肉盛りによる微調整を施すなど、仕組みの詳細こそ各社で異なるものの、初めての人でもわかりやすいと同時に対応可能な内容が広がっているのです。しかも価格も平均で4万〜6万円前後と決して高過ぎず、既製靴より安く購入できるケースも多々あります。また選べるデザインがあらかじめ固定されている分、パターンメードは発注の時点で完成形を大方イメージでき、完成まで不安にならずに済むのもフルオーダーにはない魅力でしょう。既製靴に何らかの不満を持つ顧客層を取り込もうと、従来既製靴のみを製造していたメーカーでも、製造ラインの組み方を工夫するのを通じてこれに本腰を入れ始めています。

敷居が低くなっているもう一つの理由は、フルオーダーの紳士靴を製作する靴職人の世代が、事実上一世代超えて確実に若返っている点にあります。１９９０年代以降の長い不況が逆に幸いし、職人志向を持って内外の専門学校に学んだり各地での修業を重ねた層が、特色ある個人店舗を構えたり、既存のメーカー・店舗のフルオーダー部門を任され始めているのです。断絶寸前だった手作りの靴の製作技能が継承される一方で、インターネットによる情報収集が当たり前の世代である彼らは、最先端の靴事情にも精通しているので、ポリシーは持ちながらもかつての職人さんにありがちな偏屈さは感じられず、むしろ足の事情の良き相談相手になってくれるのも嬉しい点です。確かに1足で20万〜30万円以上するので、そう簡単に購入できるものではありませんが、作りの丁寧さと自らの身体・心理との一体感が格段に優れた履き心地を考慮すれば、決して高額な買い物ではありません。

紳士靴に限らず身に着けるもの全般で、同様のものが大量に溢れているという点では、安価なファストファッション系のものであれ高価なラグジュアリーブランドのものであれ、実は見え方・魅せ方が異なるだけで本質は全く同じです。その状況を見抜けている賢明な消費者は、これまでの基準である価格の高低やブランドの知名度の高低、それに最新であるか否かではもう、商品を選ばなくなっています。彼らの最優先事項は「個別事情への対応力」にとっくに移っていて、作り手が自らの価値観や戦略だけで商品を独善的に押し込もうとしても、彼らは購入しようとしません。どんなに広告写真に大金をつぎ込んでも、またどんなに有名人に商品を使わせても彼らには無意味で、インターネットを駆使した上で自ら進んでその場に出向き、本当に欲しい商品やその情報を探し出すのにこそ、彼らは購買動機を感じるからです。

オーダーメードがそんな最先端の消費者の受け皿としても大いに機能できるのは、もう想像に難くないでしょう。程度や価格は異なれど、パターンオーダーであれフルオーダーであれ、既製品より個別の事情をはるかに考慮してくれる点では共通だからです。我が国の紳士既製靴界の文字通り帝王であるREGAL㈱リーガルコーポレーション）が、フルオーダーのサービスを2004年から提供し始めたのも、風向きが変化している象徴かもしれません。オーダーメードを典型とする一人一人の顧客と一緒に靴を作り上げていく姿勢、いわばどこかの他のブランドや有名人とではなく、個別の履き手とコラボレートしようとする熱意が、国の内外や規模の大小に関係なく作り手から的確に示されていけば、紳士靴は今後も一層面白くなるはずです。

フルオーダー靴製作のひとコマ

1

アッパーの縫いつけも慎重を極めます。

2

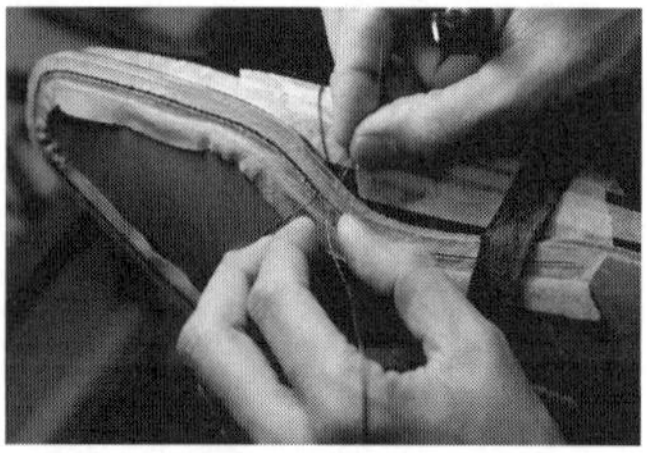

アウトソールを付ける「出し縫い」も手で行います。

3

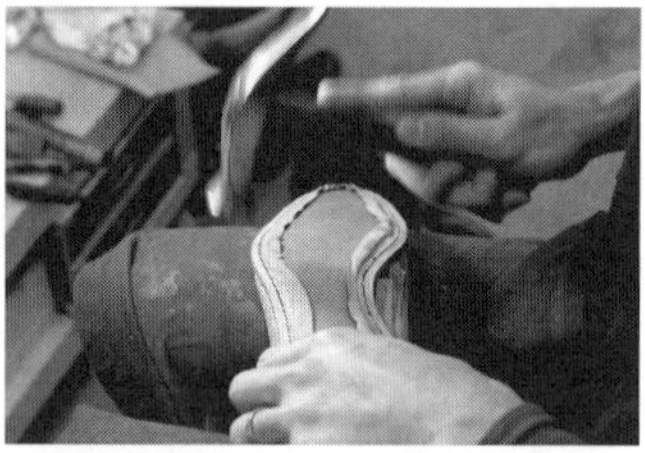

縫い目をたたいて、平らに慣らすひと手間も忘れません。

（写真協力　株式会社 リーガルコーポレーション）

12-7 修理を惜しまず、靴と長く付き合う！

オーダーとともに我が国の紳士靴で近年大きな発展を見せているのが、修理の分野です。各店舗が個性を発揮しながら、紳士靴との新たな付き合い方を提案してくれています。

どんなに大切に履いている靴でも、ヒールが摩り減ってしまうだけでなく、縫い糸が切れたり、アウトソールに穴が開いてしまう時がやってくるものです。スニーカーの類ならこれで寿命と諦めがつくものの、紳士靴、特に自分の足になじみ切ったものは、捨てるに捨てられないはず。アッパーをきちんとお手入れしていたものなら、まだまだ履きたい思いがなおさら強く残るでしょう。

でもご安心を。その種の靴は修理をすればまだ履ける可能性が大です。実は21世紀に入って我が国の紳士靴事情で一番進化したのが、この「直す」分野で、修理店の多様化が非常に進んでいるのです。

インポートの既製靴や誂え靴と同じ部材を豊富に取り揃えたり、機械縫製で底付けされている既製靴のアウトソールであってもあえて手縫いで修理したり、パターンオーダーの靴店を併営したりなど、各店舗で個性を出し合い切磋琢磨しています。最近では靴を見事なまでに磨き上げたり、アッパーに付いた傷やシミを目立たなくしたりなどを専門に行う修理店も登場し、好評を博しています。

紳士靴の修理のメニューの豊富さと丁寧さでは、間違いなく日本が世界一です。景気の長期低迷で新品が買い辛い事情もあるものの、「ものを大切に扱い、丁寧に作り込む」従来からの日本人の精神が見事に発揮されている分野と言えましょう。

新しい靴を買う前に、履き古して自宅に眠っている靴をもう一度チェックしてみてください。直せば十二分に履けるだけでなく、新品以上に長持ちしてしまうものがあるかもしれません！

あとがき

紳士靴に興味を持ったきっかけは、亡き父がある日行った「実験」でした。今日のファッション業界では「ギョーザ靴」と揶揄《やゆ》される（履く・履かないはともかく、私はこの揶揄は嫌いです。懸命に靴を作った職人さんに対して非常に失礼な言葉だと思います）ライトベージュ色のスリッポンに、ダークブラウン色の靴クリームを塗り込むのを偶然目撃した、確か7歳か8歳の時でした。

「カッコイイ色だと思って買ったけど、どうも履きこなせないから色を変えてみる。いくらきれいでも、履かないのはもったいないから」

大丈夫か？　とドキドキしている私に構わず、父はさも当たり前のごとく靴クリームを歯ブラシで塗っていたのを今でも鮮明に覚えています。結果は、まあダークブラウン色にこそなりませんでしたが、街で履いても恥ずかしくない程度のダークベージュ色になり、その後もこの靴を履いていたので、結果に父は一応、満足していたみたいです。

それ以来、父が休日にゴルフクラブと一緒に靴を磨くのを横目で見ながら、私は育ちました。中学生頃から見よう見まねで自分の通学靴を磨き始め、大学生となりアルバイトで自由に使えるお金が入りだすと、ある時は満を持して憧れの靴を買い、またある時は手元に十分な額がありながら、

「やっぱりまだ分不相応」

と直前で購入を思い留まる場合もありました。忘れもしません、新宿の百貨店・伊勢丹が創業100周年記念にイギリスのEDWARD GREENに発注し、なぜか我が国のREGALとのトリプルネームになっていた、黒の内羽根式フルブローグです。特製の木箱に入って定価が10万円！　後にセールになっても4万円でしたが、それでも自分にはあまりに不釣り合いな気がして……。でも、あの時買わなくて、買えなくて良かったのでしょう。恐らくその靴の良さが微塵もわからぬままに、ボロボロに履き潰していたでしょうから。

それでも気がつくと、私の手元、いや足元には、100足を優に超えるドレスシューズ＝紳士靴が集まってしまいました。繊細に扱ってあげたいもの、乱暴に履いてもビクともしないもの、どれも似ているようで意外と個性のある奴らばかりです。購入価格が高いとか安いとかに関係なく、長く付き合うのにふさわしい、断じて捨てられないかわいい奴らばかりです。そしてどれもが、自らの身体の一部であり、

「ことば」です。自分の紳士靴との付き合い方が絶対とは思いませんが、この本はそんなつたない経験や感覚も振り返りつつ、

「こんな事柄を理解しておくと、誰もが紳士靴の面白さを自然に堪能できるのでは？」

との思いで書き進めました。様々な媒体で書いた内容の総集編的存在とはいえ、その段取りに意外と手間取り、2度にもわたるパソコンのクラッシュなどめげそうになる事態がたくさんあったので、とりあえず完成できてホッとしております。本当ならば著した以上に深く採り上げたい項目も多々あったのですが、限られた誌面では割愛せざるを得なかったのを、読者の皆さんに深くお詫び申し上げます。それらはまた、別の機会のお楽しみとさせてください。

この本はもちろん、私1人の力では到底完成できるものではありませんでした。編集していただいた朝日新聞出版の二階堂さやかさん、イラストレーターの香川理馨子さん、装丁・レイアウトをご担当いただけたフォルマー・デザインのアンスガー・フォルマーさんと田嶋佳子さん、撮影をお願いした朝日新聞出版・写真部の及川智子さん、藤川望さん、日頃お世話になっているOLDHATの石田真一さん、さらには様々な大学で教鞭をとりつつ最初に二階堂さんをご紹介いただいた助川幸逸

郎さんに、この場を借りて深くお礼を申し上げたいと思います。また、靴や革の取材に応じていただいた㈱リーガルコーポレーション、お手入れ用品の写真をご提供いただいた㈱R&Dならびに㈱ルボウの皆様にも感謝の言葉がございません。皆さんのご協力があってこその、この本です。

あと、35歳で一鉄鋼マンから服飾ジャーナリストへという無謀な転身を許してくれた母と弟に、そして最後に、紳士靴の嗜み方を最初に気づかせてくれた亡き父にも、感謝の言葉を記してこの本の結びとしましょう。

2010年6月

飯野高広

飯野高広（いいの・たかひろ）
服飾ジャーナリスト。1967年東京生まれ。大学卒業後大手鉄鋼メーカーに11年あまり勤務し、2002年に独立。紳士靴に限らず、スーツ・コート・傘それに鞄など、男性の服飾品全般を執筆領域とし、歴史的背景を絡めつつビジネスマン経験を生かした視点で論じる。様々な男性服飾誌への寄稿をはじめ、インターネットガイドサイト「All About」の紳士靴ガイドとしても活躍中。また専門学校で近現代ファッション史の講師も務める。

紳士靴《しんしぐつ》を嗜《たしな》む
はじめの一歩から極めるまで

2010年6月30日　第1刷発行
2016年8月20日　第8刷発行

著　者　飯野高広《いいのたかひろ》
発行者　友澤和子
発行所　朝日新聞出版
〒104-8011　東京都中央区築地5-3-2
電話　03-5540-7772（編集）
03-5540-7793（販売）
印刷製本　凸版印刷株式会社

Published in Japan by Asahi Shimbun Publications Inc.
ISBN 978-4-02-330822-0
定価はカバーに表示してあります。
落丁・乱丁の場合は弊社業務部（電話03-5540-7800）へご連絡ください。
送料弊社負担にてお取り替えいたします。